DÉPÔT DES PHARES,

PARIS, AVENUE DU TROCADÉRO, N° 43.

CATALOGUE

DES APPAREILS D'ÉCLAIRAGE

ET AUTRES OBJETS

EXPOSÉS

AU MUSÉE DES PHARES.

PARIS.

IMPRIMERIE NATIONALE.

1878.

CATALOGUE

DU

MUSÉE DES PHARES.

DÉPÔT DES PHARES,

PARIS, AVENUE DU TROCADÉRO, N° 43.

CATALOGUE

DES APPAREILS D'ÉCLAIRAGE

ET AUTRES OBJETS

EXPOSÉS

AU MUSÉE DES PHARES.

PARIS.

IMPRIMERIE NATIONALE.

1878.

AVERTISSEMENT.

Le système employé dans l'antiquité pour éclairer les phares consistait à allumer au sommet des tours des feux de bois ou de charbon, et ce mode d'éclairage s'est perpétué jusque dans le siècle dernier. Ce n'est qu'à partir de 1781 qu'on commença à employer des lampes à huile, à mèches plates, sans cheminée, et des réverbères consistant en simples coquilles métalliques.

L'invention de la lampe à double courant d'air par Argand vint bientôt permettre de modifier ce système défectueux. En 1790, un nouvel appareil d'éclairage comprenant des lampes d'Argand et des réflecteurs paraboliques de grande dimension fut inauguré sur la tour de Cordouan.

Trente ans plus tard, Augustin Fresnel imagina le système de phares lenticulaires qui porte son nom et l'installa pour la première fois sur la même tour de Cordouan en 1823. Ce système s'est développé jusqu'à l'époque actuelle ; il a reçu de nombreuses applications et a permis de donner aux phares des caractères distinctifs très-variés.

Le mode de production de la lumière a également subi plusieurs perfectionnements. Les huiles végétales qui avaient succédé au bois ont elles-mêmes été remplacées par le pétrole, et la lumière électrique employée dans les grands phares, paraît devoir couronner ces améliorations successives de l'éclairage des côtes.

Le Dépôt central des phares possède de nombreux spécimens des appareils qui ont été, à différentes époques, utilisés sur le littoral de la France. On y a conservé un appareil à réverbères et à mèches plates de 1781, un appareil à lampes d'Argand et à réflecteurs paraboliques de 1791, ainsi que des lampes et des réflecteurs de ces deux époques. Tous les types de lentilles et d'appareils construits du temps de Fresnel s'y trouvent réunis, et cette collection s'est successivement augmentée de tous les objets, lampes, réflecteurs, lentilles, appareils de différents genres employés dans les phares de France. L'éclairage électrique y est représenté par la première machine magnéto-électrique de Nollet et Van Malderen et par la série des régulateurs électriques qui ont servi aux expériences. Enfin quelques modèles de tours, de phares, de balises, de bouées, d'instruments sonores, complètent cet ensemble, qui constitue un véritable musée.

Il a paru qu'il y aurait quelque utilité à décrire les différents objets réunis dans ce Musée, et à donner en même temps quelques détails historiques propres à faire connaître la série des perfectionnements apportés à l'éclairage et au balisage des côtes depuis un siècle. Tel est l'objet de ce catalogue.

Paris, mai 1878.

E. ALLARD.

I.

APPAREILS À RÉFLECTEURS.

----

1. — Appareil pour feu tournant,
avec réverbères sphériques et lampes à mèches plates,
provenant du phare de l'Ailly (1781).

Cet appareil est un spécimen de ceux qui furent employés avant la fin du siècle dernier dans les principaux phares de la France. On sait que, à la suite d'un concours ouvert en 1765 par le lieutenant de police Sartine, l'éclairage des rues de Paris, qui se faisait jusqu'alors avec des chandelles, reçut une amélioration notable par l'emploi de réverbères composés de lampes à mèches plates et de réflecteurs sphériques. Ce perfectionnement ne tarda pas à être également introduit dans la plupart des grands phares, et les nouveaux réverbères remplacèrent successivement l'ancien système d'éclairage employé depuis l'antiquité et consistant à brûler, à l'air libre, au sommet de la tour, du bois ou du charbon de terre. Cette substitution eut lieu en 1770 ou 1771 dans les phares de Cette et de Saint-Mathieu, en 1774 dans ceux de Planier et du cap Fréhel, de 1778 à 1782 dans ceux de l'Ailly de la Hève, de Barfleur, d'Ouessant, des Baleines, de Chassiron et de Cordouan. Les appareils furent, pour la plupart, fournis par Sangrain, entrepreneur de l'éclairage des rues de Paris. Ils différaient entre eux par le nombre et les dimensions des réflecteurs. Celui qui fait partie du Musée en comprend 9, ayant $0^m,37$ de rayon et $0^m,55$ d'ouverture avec quatre petites échancrures; ils sont disposés trois par trois dans la même direction; chacun d'eux est illuminé par une lampe portant deux becs à mèche plate de $0^m,018$ de large. L'ensemble de ces réflecteurs est porté par un arbre vertical auquel une machine (voir le n° 76) imprime un mouvement de rotation. L'appareil fait un tour entier en neuf minutes: l'observateur se trouve donc toutes les trois minutes dans l'axe d'un des éclats. La divergence étant très-grande, chaque éclat dure assez long-temps et l'éclipse qui le sépare de l'éclat suivant est au contraire assez courte. Ces appareils ne donnèrent pas en général de très-bons résultats : les lampes sans cheminée fumaient beaucoup et produisaient peu de lumière; les phares ne se voyaient pas à une aussi grande distance que lorsqu'ils étaient éclairés à la houille. On commença à partir de 1791 à remplacer ce système par celui qui est exposé sous le n° 4, et qui comprend des réflecteurs paraboliques avec lampes d'Argand.

2. — Appareil à six becs à mèches plates avec réverbères, pour fanaux.

Cet appareil comprend un réservoir d'huile de forme circulaire, auquel sont adaptés six becs à mèche plate de $0^m,034$ de largeur, formant les sommets d'un hexagone régulier. Six réverbères de $0^m,20$ de largeur, en cuivre argenté, sont disposés autour de la lampe et derrière chaque bec. Le système porte une anse qui permet de le hisser au sommet d'un candélabre. Des appareils analogues étaient employés à la fin du siècle dernier. Trois appareils tout à ait semblables à celui du Musée fonctionnaient encore en 1805 dans le fanal de Lornel et dans les deux fanaux du Touquet, à l'embouchure de la Canche.

3. — Réverbère sphérique.

Ce réflecteur est à peu près semblable à ceux qui se trouvent sur l'appareil n° 1. Il a $0^m,37$ de rayon et $0^m,60$ d'ouverture, avec quatre échancrures.

4. — Appareil pour feu tournant, avec réflecteurs paraboliques et becs d'Argand (1791).

Argand avait inventé, vers 1782, la lampe à mèche cylindrique et à double courant d'air. Teulère, ingénieur en chef de Bordeaux, avait, dans un rapport de 1783, proposé pour le phare de Cordouan l'emploi d'une lampe semblable associée à des réflecteurs paraboliques. Mais ce ne fut qu'en 1791 qu'un appareil de ce genre fut inauguré sur la tour de Cordouan, qui venait d'être exhaussée. Cet appareil fut construit par l'opticien Lenoir, sous la direction de l'académicien Borda. Il comprenait 12 grands réflecteurs groupés 4 par 4 sur les côtés d'un triangle équilatéral. La rotation de ce système s'effectuait en 6 minutes et les éclats se succédaient de 2 en 2 minutes. L'appareil qui a été conservé dans le Musée est tout à fait analogue, mais il n'a que 6 réflecteurs disposés sur deux rangs aux sommets de deux triangles équilatéraux, de manière que leur ensemble forme en plan un hexagone régulier. Les réflecteurs paraboliques ont $0^m,78$ d'ouverture, $0^m,29$ de profondeur et $0^m,131$ de distance focale; ils sont en cuivre fondu, argenté à plusieurs feuilles; les lampes sont à niveau constant. Le bec d'Argand a une mèche circulaire de $0^m,02$ de diamètre moyen et est surmonté d'une cheminée cylindrique de $0^m,045$ de diamètre sur $0^m,20$ de hauteur; la cheminée sort au-dessus du réflecteur par un ori-

fice percé dans le métal; elle est soutenue par une tige
et deux anneaux. Le système entier est porté sur un arbre
vertical que fait tourner une puissante machine d'horlogerie (voir le n° 77). La rotation s'effectue en 4 minutes
et les éclats se succèdent à 40 secondes d'intervalle.

Des appareils analogues à celui du Musée, avec 6, 8 ou
12 réflecteurs Lenoir, ayant de 0^m,79 à 0^m,85 d'ouverture, ont fonctionné, savoir : dans le phare de Cordouan, de 1791 à 1823; dans celui de Calais, de 1818 à
1848; à Saint-Mathieu, de 1821 à 1835; à l'Ailly, de 1822
à 1833.

5. — Réflecteur Lenoir, de 0^m,85 d'ouverture.

Ce réflecteur est semblable à ceux qui figurent dans
l'appareil n° 4 et a été construit à la même époque. Il a
0^m,85 d'ouverture, 0^m,35 de profondeur et 0^m,129 de distance focale. Il a été postérieurement utilisé pour quelques expériences de lumière électrique.

6. — Réflecteur Lenoir, de 0^m,80 d'ouverture.

Sa profondeur est de 0^m,316 et sa distance focale
de 0^m,126.

7. — Réflecteur de 0^m,50 d'ouverture.

Profondeur 0^m,158, distance focale 0^m,100.

8. — Réflecteur de 0^m,50 d'ouverture.

Profondeur 0^m,188, distance focale 0^m,083.

9. — Réflecteur de 0^m,30 d'ouverture.

Profondeur 0^m,137, distance focale 0^m,137.

10. — Réflecteur de 0^m,29 d'ouverture.

Profondeur 0^m,130, distance focale 0^m,041.

11. — Réflecteur de 0ᵐ,268 d'ouverture.

Profondeur o^m,143, distance focale o^m,o32.

12. — Réflecteur de 0ᵐ,26 d'ouverture.

Profondeur o^m,100, distance focale o^m,100.

13. — Deux réflecteurs sphériques de 0ᵐ,25 de rayon.

Ouverture o^m,485, profondeur o^m,19.

14. — Réflecteur à double effet de Bordier-Marcet, de 0ᵐ,78 d'ouverture (1811).

Argand, l'inventeur de la lampe à double courant d'air, mourut en 1803 ; son associé, Bordier-Marcet, lui succéda et continua ses recherches sur les appareils d'éclairage. Parmi les différents systèmes de réflecteurs qu'il imagina, il faut citer celui qu'il appela réflecteur à double effet, et dont on voit au Musée deux exemplaires. Cet appareil a pour but d'augmenter la divergence de la lumière. Il est formé d'un premier réflecteur parabolique de o^m,40 d'ouverture, de o^m,10 de profondeur et dont la distance focale est également o^m,10, de sorte que le foyer est dans le plan de l'ouverture. Sur ce premier réflecteur est ajustée une zone d'un second paraboloïde dont le foyer est à o^m,o53 en avant de celui du premier et dont la distance focale est de o^m,13. Cette zone a o^m,216 de largeur horizontale, et le diamètre de son ouverture extérieure est de o^m,78. Une lampe à niveau constant, fixée derrière l'appareil, envoie de l'huile à deux becs d'Argand placés sur l'axe commun, aux foyers des deux paraboloïdes, de sorte que les rayons émanés de chacune des deux lumières sont réfléchis parallèlement à l'axe par la surface correspondante, et dans une direction divergente par l'autre surface. L'angle éclairé est donc plus considérable qu'avec les réflecteurs ordinaires, et il faut un moins grand nombre d'appareils pour former un feu fixe visible de tous les points de l'horizon maritime.

En mai 1811, six réflecteurs à double effet furent placés à titre d'essai au phare sud de la Hève, et en 1814 le phare nord fut pourvu de six réflecteurs semblables. Dans l'intervalle, il avait été question de faire des expériences comparatives sur les réflecteurs de Bordier-Marcet et de Lenoir; mais elles furent retardées jusqu'en 1820. A la suite de ces expériences, on maintint à la Hève les réflecteurs à double effet, dont le nombre avait été porté, en août 1819, à dix dans chaque phare, et on décida que des réflecteurs Lenoir seraient placés dans quelques autres phares.

Les appareils composés de six, huit, dix ou douze réflecteurs à double effet ont été employés, savoir : depuis 1811 et 1814 jusqu'en 1845, dans les deux phares de la Hève; à Barfleur, jusqu'en 1835; au cap Fréhel, de 1821 à 1847; à Ouessant, de 1820 à 1831; au Four du Croisic, de 1822 à 1846; aux Baleines, de 1820 à 1854. Ces réflecteurs n'ont disparu que lorsqu'ils ont été remplacés par les appareils lenticulaires de Fresnel.

Cette invention de Bordier-Marcet a été critiquée par A. Fresnel, qui a fait voir qu'on pouvait arriver plus simplement à augmenter la divergence des réflecteurs, mais qui n'a pas donné suite à ses idées sur ce sujet, parce qu'il a bientôt songé à l'emploi des lentilles.

15. — Réflecteur à double effet de Bordier-Marcet, de 0^m,65 d'ouverture.

Cet appareil est semblable au précédent, mais un peu plus petit. Le premier paraboloïde a o^m,40 d'ouverture,

0^m,079 de distance focale et 0^m,126 de profondeur; la zone du deuxième paraboloïde a 0^m,166 de largeur horizontale, et le diamètre de son ouverture extérieure est de 0^m,65 ; sa distance focale est de 0^m,10 et son foyer est à 0^m,047 en avant du premier, de sorte qu'il se trouve dans le plan de séparation des deux paraboloïdes.

Ce réflecteur a servi aux mêmes usages que le précédent.

16. — Réflecteur sidéral de Bordier-Marcet, grand modèle (1811).

Ce genre d'appareil se compose de deux surfaces réfléchissantes placées l'une au-dessus, l'autre au-dessous de la flamme, et engendrées par des parties de parabole tournant autour de leur paramètre. Il est destiné à éclairer uniformément tout l'horizon et a été imaginé par Bordier-Marcet, gendre et successeur d'Argand, vers 1811. Des appareils de cette espèce ont d'abord été appliqués à l'éclairage des villes et ont ensuite été utilement employés dans les fanaux ou feux de port. Ils constituent une ingénieuse solution du problème qui consiste à éclairer uniformément l'horizon ; mais les appareils lenticulaires l'ont plus tard résolu d'une manière plus satisfaisante et ont presque partout remplacé les sidéraux. Il reste encore dans quelques fanaux des appareils de grand modèle, ayant 0^m,35 de diamètre, comme celui qui figure au Musée sous le numéro 16. Bordier-Marcet avait essayé d'étendre ce système aux grands phares : il avait construit un sidéral de 6 pieds de diamètre, qu'il éclairait au moyen de 27 becs d'Argand placés au foyer; mais l'effet utile ne répondit pas à la dépense, et cet appareil ne fut pas employé.

17. — Réflecteur sidéral, petit modèle.

Cet appareil est semblable au précédent et n'a que $0^m,20$ de diamètre au lieu de $0^m,35$. Ce modèle n'est plus utilisé dans les fanaux.

18. — Appareil sidéral de Bordier-Marcet, avec sa lanterne.

Cet appareil comprend un réflecteur qui est le même que celui du n° 16. Il est muni de sa lampe à niveau constant, dont la mèche a $0^m,02$ de diamètre. La cheminée est cylindrique et soutenue par une tige. La lanterne vitrée qui entoure l'appareil est construite de manière à laisser entrer l'air nécessaire à la combustion et à laisser sortir les produits de cette combustion, sans permettre aux coups de vent d'agiter ou d'éteindre la flamme. Elle est disposée de manière à pouvoir être hissée au sommet d'un candélabre au moyen d'une poulie, d'une chaîne et d'un treuil.

19. — Réflecteur parabolique anglais.

Ce réflecteur, exécuté par Robinson, fournisseur de la corporation de Trinity House, vers 1818, a $0^m,522$ d'ouverture, $0^m,217$ de profondeur et $0^m,078$ de distance focale. Il est en cuivre plaqué d'argent et présente un rebord cylindrique de $0^m,025$ en avant de l'ouverture fermée par une glace. Il est porté par deux bras circulaires horizontaux aboutissant à une tige verticale dont l'extrémité est fixée sur un pied large et pesant, afin d'assurer la stabilité du système. Le corps de lampe a la forme d'un vase circulaire; le bec a une mèche de $0^m,021$ de diamètre moyen. Ce réflecteur avait été envoyé à la Commission des phares de France au moment où Fresnel venait d'en être nommé membre et allait commencer des expériences comparatives sur les différents systèmes catoptriques de Bordier-Marcet et de Lenoir.

Une plaque soudée sur le réflecteur porte cette inscription : « *Geo. Robinson, Inspector General of light houses to the honorable corporation of Trinity House, London.* »

20. — Réflecteur de 0ᵐ,40 avec lampe à niveau constant et bec d'Argand.

Ce réflecteur a $0^m,122$ de profondeur et $0^m,082$ de distance focale; il est en métal d'une grande épaisseur; ses bords sont retournés en ligne droite dans le plan de l'ouverture; il paraît avoir été construit pour faire partie d'un réflecteur à double effet de Bordier-Marcet. La lampe a deux réservoirs à niveau constant. La mèche a $0^m,019$ de diamètre moyen. La cheminée est supportée par une tige et deux anneaux.

21. — Réflecteur de 0ᵐ,29 d'ouverture, avec lampe à mouvement d'horlogerie et bec d'Argand.

Ce système, qui est une application de l'invention de Carcel, n'a reçu que de rares applications et est depuis longtemps abandonné à cause de la grande différence de prix entre la lampe mécanique et la lampe à niveau constant.

22. — Réflecteur de 0ᵐ,29 d'ouverture monté sur une tige verticale.

Ce système, auquel on donne le nom de *photophore*, est employé dans un grand nombre de fanaux, principalement pour feu de direction. Le réflecteur a $0^m,042$ de distance focale, $0^m,125$ de profondeur et $0^m,29$ de diamètre d'ouverture. La lampe est à niveau constant; le bec a $0^m,021$ de diamètre moyen. Le système du réflecteur et de la lampe est porté par une tige verticale qui permet de l'élever et de le faire tourner à volonté. La tige est fixée sur une table devant une fenêtre, et le réflecteur est retenu dans la position convenable au moyen d'une vis de pression.

Des appareils analogues à celui-ci sont employés dans près de cinquante fanaux ou phares de 5° ordre.

23. — Réflecteur de 0^m,29 monté sur une grande tige.

Il est semblable au précédent, si ce n'est que la tige a 2 mètres de hauteur; il a été utilisé dans un cas spécial.

24. — Réflecteur de 0^m,29 avec lanterne.

Ce système est destiné à être hissé au sommet d'un candélabre pour produire, comme dans le cas du n° 22, un feu de direction. Il est aujourd'hui assez rarement employé.

25. — Appareil tournant à réflecteurs, pour feu provisoire (1852).

Il comprend trois groupes de trois réflecteurs de 0^m,29 d'ouverture, montés sur les trois côtés d'un triangle équilatéral, et il produit ainsi trois éclats dont l'intensité est triple de celle d'un des réflecteurs. Il est monté sur un chariot à galets auquel une machine imprime un mouvement de rotation. On emploie cet appareil pour produire un éclairage provisoire soit avant l'établissement d'un feu définitif, soit pendant la réparation d'un phare existant. Il a notamment servi en 1852 au phare de l'Ailly, en 1854 à Cordouan, en 1857 à Belle-Île et en 1861 à Biarritz.

26. — Appareil à réflecteur pour feu clignotant, avec machine de rotation (1865).

Les feux de direction produits par les réflecteurs peuvent

quelquefois se confondre soit avec les feux allumés sur la côte pour l'éclairage des maisons et des rues, soit avec ceux que les navires au mouillage hissent sur leurs vergues. Pour éviter cette confusion, on donne au feu le caractère de feu clignotant, en faisant passer un écran devant le réflecteur à des intervalles réguliers. L'appareil du Musée a été établi dans ce but : il comprend un réflecteur de 0^m,50 d'ouverture, un écran de 0^m,60 de haut sur 0^m,60 de large, qui tourne autour d'un axe vertical situé derrière le réflecteur, et une machine de rotation placée à la partie inférieure.

Des appareils analogues fonctionnent à Patiras, près de Pauillac, et dans les phares de Bodic et de la Croix, à l'embouchure du Trieux.

27. — Réflecteur de 0^m,50 pour feu de direction (1876).

Cet appareil se compose d'un réflecteur parabolique de 0^m,50 d'ouverture, éclairé par un bec à deux mèches à l'huile minérale. La lampe est à réservoir inférieur sans mécanisme, l'huile montant au bec par l'effet de la capillarité. Le réservoir a la forme d'un cylindre de 0^m,20 de diamètre; il est placé derrière le réflecteur et communique avec le bec par un tube recourbé, muni d'un robinet à trois voies. Sa contenance est de trois litres et demi, jusqu'à 0^m,04 au-dessous du niveau du bec. La consommation étant de 175 grammes par heure, la lampe peut brûler pendant au moins seize heures, et le niveau, pendant ce temps, s'abaisse d'environ 0^m,10. Tout le système est établi sur une plaque circulaire en tôle, qu'on peut faire tourner sur des galets, afin de faciliter le service, et qu'on maintient ensuite dans la position convenable au moyen d'une broche d'arrêt. Le réflecteur est fixé par un croche sur le côté de la lampe qui supporte également l'obturateur au moyen d'une tige.

L'intensité lumineuse de la lampe est de 6 becs 1/2 environ; celle du réflecteur est de près de 400 becs dans l'axe, et elle va, en diminuant de chaque côté, jusqu'à une distance angulaire de 15 degrés.

Cet appareil, construit par M. Luchaire, a été envoyé à l'exposition de Philadelphie en 1876.

II.

II. APPAREILS LENTICULAIRES.

28. — Première lentille à échelons, de forme polygonale, pour feu à éclats de minute en minute (1821).

Dès que Fresnel eut conçu la pensée de remplacer, dans les phares, les réflecteurs métalliques par de grandes lentilles en verre, il songea à composer ces lentilles de plusieurs morceaux, et à calculer les courbures de ces différentes pièces de manière à corriger l'aberration de sphéricité. Il développa son projet devant la Commission des phares dans une séance du mois d'août 1819, deux mois seulement après son entrée dans cette Commission, et le 19 octobre suivant il fut autorisé à faire une dépense de 500 francs pour construire une lentille d'essai. Il s'adressa à l'opticien Soleil, qui le seconda avec beaucoup de bonne volonté, mais qui ne put mettre à sa disposition que l'outillage assez borné dont on se servait alors. On travaillait encore le verre à la main dans des bassins, et on ne pouvait lui donner que des surfaces planes ou sphériques. Fresnel admit que la lentille serait plane d'un côté; que les différents échelons, au lieu de former des anneaux circulaires, seraient limités par des polygones et partagés en un certain nombre de morceaux; que chacun de ces morceaux recevrait, sur la face échelonnée, une surface sphérique convenablement calculée. Une autre difficulté provenait de ce que les verreries n'étaient pas en mesure de fournir, sous le volume désiré, des pièces de crownglass exemptes de bulles et de stries ; mais M. Soleil trouva le moyen de refouler au four les glaces ordinaires, sans altérer leur transparence. Il construisit d'abord une lentille d'essai de $0^m,35$ de diamètre, qui fut plus tard donnée à l'Académie des sciences et déposée au Conservatoire des arts et métiers : elle se compose de 33 morceaux collés ensemble et appliqués sur une glace servant de support. Enhardi par ce premier succès, Fresnel proposa à la Commission des phares, dans sa séance du 31 décembre 1820, de faire construire un appareil lenticulaire de feu tournant pour le phare de Cordouan. La partie principale de cet appareil devait comprendre 8 lentilles carrées ayant $0^m,76$ de côté et formant par leur ensemble un prisme octogonal inscrit dans un cylindre de 2 mètres de diamètre. Cette proposition fut adoptée, et M. Soleil entreprit la construction de ces 8 lentilles à échelons polygonaux, dont l'une est exposée dans le Musée sous le n° 28. On peut voir qu'elle est composée de 100 morceaux de verre collés ensemble, et qu'on a supprimé la glace plane qui, dans la lentille d'essai, sert de support aux différents morceaux. Une de ces nouvelles lentilles fut soumise à une première expérience publique le 13 avril 1821. On la plaça sur les bâtiments de l'Observatoire en même temps que deux grands réflecteurs, l'un de Lenoir, l'autre à double effet de Bordier-Marcet. La Commission des phares, que M. Becquey, directeur général des ponts et chaussées, était venu présider, se transporta au sommet de Montmartre pour juger de l'effet produit. Le résultat confirma les prévisions de l'inventeur et tout le monde convint de la supériorité de la lentille sur les réflecteurs. Il faut ajouter que ces 8 lentilles polygonales ne furent point utilisées pour l'appareil de Cordouan, et n'ont jamais servi, ainsi qu'on va l'indiquer.

29. — Première lentille à échelons, de forme circulaire, pour feu à éclats de minute en minute (1821).

Pendant qu'on construisait les lentilles polygonales du numéro précédent, Fresnel songeait déjà à les perfectionner. Il avait imaginé un mécanisme pour construire des anneaux circulaires, et M. Soleil fut chargé d'exécuter huit grandes lentilles composées d'éléments annulaires. Quelques-unes de ces lentilles furent bientôt terminées, et dans le courant de septembre 1821 la Commission des phares voulut essayer leur effet à grande distance. Fresnel fit installer au sommet de l'arc de l'Étoile un appareil tournant sur lequel on fixa deux de ces lentilles annulaires, quatre des lentilles polygonales précédemment construites et quatre demi-lentilles polygonales comme celle du n° 30. Au foyer commun de ces lentilles brûlait une lampe à quatre mèches. La Commission se transporta à Châtenay, village au nord-nord-est de Paris, à 24 500 mètres de l'arc de l'Étoile. L'expérience eut lieu dans la nuit du 7 au 8 septembre 1821, et les résultats furent jugés très-satisfaisants. Les huit lentilles annulaires qui venaient d'être construites firent partie du premier appareil de feu à éclats de premier ordre que Fresnel installa lui-même sur la tour de Cordouan, et qui figure maintenant au Musée sous le n° 31. On peut remarquer que la lentille annulaire exposée sous le n° 29 fut la première construite, et que son élément central est composé de quatre morceaux tandis que, dans les lentilles de l'appareil de Cordouan, cet élément est d'un seul morceau.

30. — Première lentille à échelons,
de forme polygonale, pour feu à éclats
de 30 en 30 secondes (1821).

Cette lentille est construite de la même manière que celle du n° 28, mais sa largeur est moitié moindre. Il y en eut seize fabriquées à la fois ; quatre figurèrent dans l'expérience qui eut lieu sur l'arc de l'Étoile, et que la Commission des phares alla observer à Châtenay dans la nuit du 7 septembre 1821.

31. — Premier appareil lenticulaire de 1er ordre
pour feu à éclats de minute en minute (1823).

Cet appareil a fonctionné sur la tour de Cordouan de 1823 à 1854. Il comprend un tambour de huit lentilles annulaires semblables à celle qui est exposée sous le n° 29. Ces lentilles concentrent dans huit directions tous les rayons lumineux que leur envoie la lampe focale. Pour utiliser les rayons qui passent au-dessus de ce tambour central, Fresnel employa huit petites lentilles trapézoïdales dont la réunion forme au-dessus de la lampe une espèce de toit en pyramide octogonale tronquée qui laisse passer la cheminée par son ouverture supérieure. Ces lentilles additionnelles ont une longueur focale de 0^m,50 et leur foyer commun se trouve au centre de la flamme. Les rayons lumineux que reçoit chacune d'elles en sortent suivant une direction parallèle à son axe, c'est-à-dire en faisant un angle de 50 degrés au-dessus de l'horizon. Ils rencontrent ensuite un grand miroir plan disposé au-dessus de chaque lentille avec une inclinaison de 25 degrés sur l'horizon, et ils sont ainsi réfléchis dans une direction horizontale. Ce système produit huit nouveaux faisceaux lumineux qui s'ajouteraient à ceux des lentilles du tambour si leurs directions coïncidaient ; mais Fresnel jugea préférable de les employer à augmenter la durée des éclats. On était très-préoccupé de cette idée, à l'origine des phares lenticulaires, parce que les réflecteurs paraboliques qu'il s'agissait de remplacer présentaient une grande divergence, et que les marins étaient habitués à des éclats d'une assez longue durée. Fresnel dirigea donc l'axe de chaque petite lentille à 7 degrés environ en avant de celui des grandes dans le sens du mouvement. Il en résulte un éclat lumineux qui précède celui du tambour sans interruption et augmente ainsi la durée d'apparition du feu. Quant aux rayons qui passent par-dessous les grandes lentilles, Fresnel les considéra d'abord comme utiles pour éclairer le pied du phare ; il pensait d'ailleurs qu'il serait difficile de les diriger vers l'horizon sans gêner beaucoup le service de la lampe ; mais il imagina bientôt un système n'ayant sous ce rapport aucun inconvénient. Il consiste à placer au-dessous des grandes lentilles plusieurs séries de petites glaces étamées qui sont disposées à peu près comme les feuilles d'une jalousie, et qui, au lieu d'être parallèles, ont chacune l'inclinaison convenable pour réfléchir horizontalement les rayons provenant de la lampe. La première idée de Fresnel fut de profiter de ces rayons réfléchis pour prolonger encore la durée de l'éclat ; mais il reconnut qu'il serait préférable de les employer à produire un feu fixe qui, sans changer le caractère du phare, permettrait aux marins de l'apercevoir entre les éclats jusqu'à une certaine distance. Les petits miroirs inférieurs furent donc disposés de manière à répartir la lumière uniformément autour de l'horizon. Ils sont au nombre de 128 et forment quatre rangées au-dessous des grandes lentilles. Avant de faire monter le nouvel appareil sur la tour de Cordouan, la Commission des phares voulut juger une seconde fois de l'effet produit à grande distance par les lentilles ; elle renouvela donc l'expérience qu'elle avait déjà faite en septembre 1821. L'appareil fut monté sur l'arc de l'Étoile, et on le fit fonctionner dans la nuit du 20 août 1822. La Commission s'était transportée à Notre-Dame de Montmélian, près de Mortefontaine. Elle reconnut que les éclats étaient très-brillants, surtout dans leur seconde moitié provenant des grandes lentilles, et elle évalua leur durée totale à peu près à la moitié de celle des éclipses. L'appareil ne fut complètement achevé que l'année suivante. La partie optique, comprenant les lentilles et les miroirs, était due à M. Soleil père ; M. Wagner avait fabriqué toute la partie mécanique, c'est-à-dire l'armature, la machine de rotation à balancier et la lampe à mouvement d'horlogerie. Fresnel se rendit lui-même à Cordouan dans le mois de juillet pour procéder à l'installation du nouvel appareil, à la place des douze grands réflecteurs de Lenoir qui l'éclairaient depuis 1791. Toutes les mesures étaient prises pour que le changement se fît dans le plus court intervalle de temps possible. On installa, pendant trois nuits consécutives, un feu provisoire composé de deux lampes à quatre mèches ; on avait, du reste, choisi l'époque de la pleine lune, et l'opération n'occasionna aucun accident maritime. Le 25 juillet 1823, l'appareil, étant complètement monté, fut illuminé pour la première fois et produisit tous les effets qu'on en attendait. Fresnel quitta la tour le 1ᵉʳ août et fit une tournée nocturne en mer ; il voulait observer les éclats et surtout vérifier si le système de petits miroirs qu'il avait installé à la partie inférieure de l'appareil produisait bien, entre les éclats, un feu fixe visible à une distance suffisante ; il reconnut avec satisfaction qu'on ne le perdait de vue qu'à une distance de 4 lieues marines. C'est de ce mois de juillet 1823 que date l'inauguration du système de grands phares lenticulaires à éclats, dû au génie de Fresnel. L'appareil qui figure dans le Musée sous le n° 31 a éclairé le phare de Cordouan jusqu'en 1854, c'est-à-dire pendant 31 ans. Il fut remplacé par un appareil lenticulaire avec anneaux catadioptriques. La machine de rotation est décrite au n° 80, et la lampe au n° 87.

32. — Premier appareil lenticulaire de feu fixe, de 0ᵐ,50 de diamètre (1824).

Fresnel, après sa nomination à la Commission des phares en 1819, ne s'était d'abord occupé que des appareils destinés à produire des feux à éclats. Il avait cependant songé au moyen d'obtenir des feux fixes, et dans le premier projet de phare lenticulaire qu'il soumit à la Commission des phares le 31 octobre 1820 il indiqua comme solution l'emploi des lentilles cylindriques. Mais la Commission avait écarté le système des feux fixes comme donnant moins d'intensité que les feux tournants, et comme pouvant être confondus avec les feux accidentels de la côte. Elle revint plus tard sur cette décision, et Fresnel imagina alors le système d'appareil de feu fixe de $0^m,50$ de diamètre qui est exposé sous le numéro 32. Dans cet appareil, le tambour lenticulaire, qui devrait être cylindrique pour donner une répartition uniforme de la lumière, présente une forme polygonale à seize côtés, parce qu'on n'avait pas encore de tours pour la fabrication des pièces cylindriques. La partie supérieure est composée de deux zones lenticulaires en forme de coupole à seize pans, dont chaque élément est accompagné d'un miroir plan. Les lentilles réunissent en faisceaux les rayons émis par la flamme, et les miroirs les réfléchissent vers l'horizon. Un système semblable, mais composé d'une seule zone lenticulaire, est établi à la partie inférieure. Cet appareil était éclairé par une lampe à deux mèches, portée sur un plateau qu'un cric fait monter ou descendre entre trois guides, comme on le voit sur l'appareil du numéro suivant. Avec la forme polygonale qu'on avait été forcé d'adopter, il y avait seize directions recevant plus de lumière que les parties intermédiaires ; mais Fresnel, pendant la construction, trouva le moyen de diminuer beaucoup cette inégalité, en faisant alterner les directions brillantes du tambour lenticulaire avec celles des deux autres parties. Ce premier essai d'appareil de feu fixe fut présenté par Fresnel à l'Académie des sciences, dans la séance du 3 mai 1824. L'appareil fut ensuite inauguré le 1ᵉʳ février 1825 sur la tour de Leugenaer, dans le port de Dunkerque, et il cessa de fonctionner en 1843, lors de l'allumage du grand phare actuel.

33. — Appareil lenticulaire de feu fixe, de 0^m,50 de diamètre.

Cet appareil est semblable à celui du n° 32 ; mais le tambour n'éclaire que les trois quarts de l'horizon. L'autre quart est occupé par deux réflecteurs métalliques de forme sphérique, destinés à renvoyer vers la mer les rayons lumineux qui se dirigeraient inutilement du côté de la terre. La lampe est à deux mèches et repose sur un plateau qu'un cric fait monter ou descendre pour les besoins du service. Cet appareil a éclairé le phare d'Aiguillon, à l'embouchure de la Loire, de 1830 à 1857.

34. — Premier appareil, de 0^m,50 de diamètre, pour feu fixe varié par des éclats (1825).

La nécessité de diversifier les apparences des phares suggéra à Fresnel l'idée de créer un caractère intermédiaire entre les feux fixes et les feux tournants. Dans le système d'éclairage du littoral étudié par la Commission, les phares de 3ᵉ ordre avaient presque tous reçu le caractère de feux fixes, parce qu'on avait pensé que ces phares devant servir plus près des côtes, il était nécessaire qu'on pût les voir d'une manière continue. Fresnel jugea cependant qu'il était indispensable de les différencier entre eux. Il imagina alors de faire tourner autour du tambour de feu fixe deux ou trois lentilles formées d'éléments verticaux, et ayant dans le sens horizontal un profil à échelons semblable au profil vertical du tambour. Il résulte de cette disposition que les lentilles à éléments verticaux, en passant devant celles du tambour, produisent, par leur superposition, un effet semblable à celui d'une lentille annulaire, puisque l'une concentre les rayons dans le sens vertical et l'autre dans le sens horizontal; elles réunissent ainsi dans un petit espace angulaire les rayons qui tombent sur leur surface et donnent un éclat précédé et suivi d'une éclipse. Fresnel admit que les éclats se succéderaient seulement toutes les 3 ou 4 minutes, de manière à éviter toute confusion avec les feux tournants ordinaires. La première application de ce système fut faite sur un appareil de 0ᵐ,50 de diamètre, semblable à celui de Dunkerque, autour duquel on fit tourner, en 12 minutes, trois lentilles équidistantes. Cet appareil fut transporté à Cormeilles, et la Commission se réunit le 11 mai 1825 à l'Observatoire pour en voir les effets à 19 kilomètres de distance. On donna à ce nouveau caractère le nom de *feu fixe varié par des éclats précédés et suivis de courtes éclipses*. Imaginé d'abord pour différencier les feux de 3ᵉ ordre, il a été appliqué depuis aux phares des autres ordres. L'appareil qui figure au Musée sous le n° 34 a éclairé le phare du Commerce, à l'embouchure de la Loire, de 1830 à 1857.

35. — Premier appareil lenticulaire de 1ᵉʳ ordre pour feu fixe.

Lorsque Fresnel eut fait exécuter l'appareil de feu fixe de 0ᵐ,50 de diamètre exposé sous le n° 32, il fit le projet d'un appareil de 1ᵉʳ ordre à feu fixe destiné à renouveler le système d'éclairage du phare de Chassiron. Dans ce projet le tambour a 1 mètre de hauteur et est composé de 17 éléments; il présente en plan la forme d'un polygone de 32 côtés. La partie inférieure comprend 4 cours de 32 petits miroirs concaves, conformément à ce qui avait été fait au phare de Cordouan pour produire un feu fixe entre les éclats. Quant à la partie supérieure, Fresnel renonça au système mixte de lentilles et de grands miroirs qu'il avait imaginé pour l'appareil de Cordouan (n° 31) et appliqué ensuite à l'appareil de Dunkerque (n° 32). Il jugea préférable d'employer le même système qu'à la partie inférieure, c'est-à-dire une série de rangées horizontales de petits miroirs concaves. Ces rangées sont disposées, comme on le voit sur l'appareil n° 35, de manière à recevoir tous les rayons émanés de la lampe et à laisser passer tous les rayons réfléchis par chaque miroir; elles présentent dans leur ensemble la forme d'une espèce de coupole. La construction de cet appareil fut autorisée par une décision du 4 septembre 1824 et fut confiée à M. Soleil. Elle présenta au début de grandes difficultés, que Fresnel parvint à surmonter, mais il ne vécut pas assez pour voir terminer ce premier type des grands appareils lenticulaires à feu fixe. Ce fut à l'île d'Yeu et non à Chassiron que ce nouveau genre d'appareil fut inauguré, parce qu'on jugea utile de reconstruire la tour de ce dernier phare. L'appareil installé sur la tour de l'île d'Yeu en 1830 y fonctionne encore et ne prendra place dans le Musée que lorsqu'on jugera con-

venable de le remplacer. L'appareil qui est exposé sous le
n° 35 a été monté sur une des tours de la Hève en 1845
et l'a quittée en 1865, pour faire place à un éclairage
électrique.

36. — Premier appareil contenant des anneaux catadioptriques ou appareil du canal Saint-Martin (1826).

La dernière invention d'Augustin Fresnel, celle des
anneaux catadioptriques, fut provoquée par une demande
de renseignements que lui adressa le préfet de la Seine
dans le courant de 1825. Il s'agissait d'appliquer à l'éclairage des quais du canal Saint-Martin des fanaux d'un
effet plus puissant que celui des réverbères ordinaires
de ville. Ce problème, sur lequel se trouvait appelée l'attention de Fresnel, était le même que celui des appareils
de feu de port, dont il avait ajourné l'étude parce que les
sidéraux de Bordier-Marcet suffisaient à assurer le service.
La partie principale des appareils qu'il s'agissait d'établir,
c'est-à-dire le tambour lenticulaire, ne présentait pas de
difficulté théorique : il devait être engendré par un profil
à échelons tournant autour de l'axe vertical; il fallait seulement se mettre en mesure de l'exécuter avec la forme
circulaire, car la forme polygonale employée jusqu'à ce
moment eût été inadmissible pour des anneaux de 20 ou
25 centimètres de diamètre. La question n'était pas aussi
facile à résoudre pour les parties accessoires destinées à
utiliser les rayons lumineux passant en dehors du tambour, car les miroirs employés dans les grands appareils
auraient dû, dans ce cas, être réduits à de trop petites dimensions. Ce fut alors que Fresnel songea au phénomène
connu en optique sous le nom de *réflexion totale* et imagina de remplacer les miroirs ordinaires par des anneaux

de verre dans l'intérieur desquels les rayons lumineux seraient réfléchis sans perte sensible. La première idée de Fresnel pour composer ces anneaux de verre fut de diriger les faces par lesquelles entrent et sortent les rayons lumineux, perpendiculairement à ces rayons, de manière à ne pas modifier leur route. La surface réfléchissante aurait alors conservé la forme des miroirs qu'il s'agissait de remplacer. Mais il résultait de là des dispositions incommodes et un poids de verre trop considérable. Fresnel reconnut qu'on pouvait donner à ces faces d'entrée et de sortie des directions inclinées sur les rayons, et calculer ces inclinaisons, ainsi que la forme de la surface réfléchissante, de manière à faire émerger les rayons horizontalement. La section transversale des anneaux devenait alors triangulaire, au lieu de présenter quatre côtés et les dimensions étaient moindres. L'appareil que Fresnel imagina pour répondre à la demande du préfet de la Seine, et qui figure au Musée sous le n° 36, reçut pour la première fois des anneaux de cette espèce. Son diamètre est réduit à o^m,2o; le tambour est engendré par un profil à échelons composé de trois éléments et occupe une demi-circonférence. Les rayons qui passent au-dessus de ce tambour sont recueillis par quatre anneaux à réflexion totale obtenus en faisant tourner autour de la verticale du foyer le profil de triangles catadioptriques dont on vient d'exposer l'invention. On a ainsi un appareil de feu fixe éclairant la moitié de l'horizon. Les fanaux du canal Saint-Martin devant être établis à 7o mètres les uns des autres, il était nécessaire de leur donner latéralement une intensité plus grande que de face. Fresnel y parvint en établissant de chaque côté une demi-lentille annulaire dioptrique engendrée par la rotation du profil du tambour autour d'un axe horizontal parallèle au quai; mais il eut en outre l'heureuse idée de faire également tourner autour de cet axe le profil des anneaux catadioptriques, de manière à former une lentille annulaire embrassant autour du foyer un angle d'une grande amplitude, et comprenant à la fois des anneaux dioptriques et des anneaux catadioptriques. L'exécution de ces différents anneaux de forme circulaire offrit de sérieuses difficultés, et Fresnel fut obligé d'organiser une fabrication en régie. Un premier appareil fut terminé en 1826, et mis sous les yeux des membres de la Commission des phares dans une séance de la fin de décembre. Quatre de ces nouveaux fanaux furent terminés dans les premiers mois de 1827; mais ils ne purent être essayés qu'après la mort de l'inventeur. Il faut ajouter que ces appareils, si précieux comme conservant le souvenir d'une invention importante, n'ont pas été utilisés sur les quais du canal Saint-Martin.

37. — Appareil du canal Saint-Martin.

Cet appareil est un de ceux qui furent construits par Fresnel pour l'éclairage du canal Saint-Martin et qui sont décrits au n° 36. Il a été utilisé pendant quelques années pour l'éclairage de la cour du Dépôt des phares, au quai de Billy.

38. — Lentille annulaire formée avec des morceaux d'appareils du canal Saint-Martin.

L'étude des appareils demandés pour le canal Saint-Martin fournit à Fresnel, comme cela est expliqué au n° 36, l'occasion d'inventer non-seulement le profil des anneaux catadioptriques et l'emploi de ces anneaux dans les appareils de feu fixe, mais encore leur application aux lentilles annulaires pour feux à éclats ou pour feux de direction. En réunissant les morceaux d'éléments dioptriques et d'anneaux catadioptriques qui ont appartenu aux appareils fabriqués du temps de Fresnel, on a formé la lentille annulaire n° 38, laquelle peut être considérée comme le type de toutes les lentilles annulaires employées dans les phares des différents ordres.

39. — Modèle en bois d'un appareil semblable à ceux du canal Saint-Martin.

Ce modèle est le résultat d'une première étude de Fresnel pour la construction d'appareils ayant $0^m,25$ de diamètre; mais il ne donna pas suite à cette étude parce qu'il se décida à réduire le diamètre à $0^m,20$, comme on le voit dans les appareils n°ˢ 36 et 37.

40. — Premier appareil de feu fixe de 0ᵐ,30 de diamètre, avec anneaux catadioptriques (1827).

Dès que Fresnel eut résolu le problème des fanaux catadioptriques du canal Saint-Martin, il songea à appliquer le même système aux petits appareils destinés à signaler l'entrée des ports. D'après son projet, le diamètre de ces appareils est de $0^m,30$; le tambour est engendré par un profil à échelons de cinq éléments; la partie supérieure est occupée par cinq anneaux catadioptriques et la partie inférieure par trois anneaux de même espèce. Ce projet fut soumis à la Commission des phares dans une séance du mois de janvier 1827. L'exécution en fut commencée en régie quelques mois seulement avant la mort de Fresnel. Il n'eut le temps ni de voir achever ce premier appareil lenticulaire de feu de port, ni à plus forte raison d'étendre aux autres ordres de phares l'emploi des anneaux catadioptriques.

40 bis. — Premier appareil de 2ᵉ ordre pour feu fixe varié par des éclats (1829).

Fresnel avait eu l'idée, comme on l'a vu au n° 34, de différencier les feux fixes entre eux au moyen de lentilles verticales tournant autour de l'appareil principal. Il avait appliqué cette idée à l'appareil de 0ᵐ,5o de diamètre qui est exposé sous le n° 34. Après sa mort, on construisit un appareil semblable, de 1ᵐ,4o de diamètre, pour le phare de 2ᵉ ordre du Pilier, au nord de Noirmoutier. L'appareil de feu fixe comprend un tambour lenticulaire de 12 éléments et 0ᵐ,8o de hauteur, une coupole de 120 petits miroirs distribués en 5 rangées horizontales et une partie inférieure de 3 rangées de 20 petits miroirs chacune. Les trois lentilles à éléments verticaux ont la même hauteur que le tambour, 0ᵐ,68 de largeur, et sont composées de 9 éléments; elles tournent en 12 minutes et produisent toutes les 4 minutes un éclat précédé et suivi d'éclipses. La machine est analogue à celle du n° 80 et est munie d'un volant-pendule à ailettes mobiles. Cet appareil a éclairé le phare du Pilier depuis 1829 jusqu'en 1877.

41. — Appareil lenticulaire de feu de port, formant lanterne.

Cet appareil est destiné à être hissé au sommet d'une potence. Un tambour dioptrique à neuf éléments, de 0ᵐ,3o de diamètre, forme les parois d'une lanterne métallique dont le fond est disposé de manière à laisser pénétrer la quantité d'air nécessaire à la combustion de l'huile et dont la coupole laisse échapper les produits de cette combustion sans permettre l'introduction de courants d'air nuisibles à la fixité de la flamme. L'appareil éclaire environ les trois quarts de l'horizon. L'angle mort est occupé par une portière métallique sur laquelle est fixée intérieurement la lampe à niveau constant. Les lentilles sont protégées extérieurement par des vitres courbes.

42. — Appareil de feu de port en verre moulé, formant lanterne (1859).

Cet appareil est semblable à celui qui est décrit au n° 41 et est également destiné à être hissé sur une potence ; il n'en diffère qu'en ce que le tambour lenticulaire est en verre moulé au lieu d'être en verre taillé. Il est composé de dix morceaux lenticulaires égaux, qui sont tous coulés dans le même moule. La dépense de ces lentilles est beaucoup moindre que celle des lentilles en verre taillé ; mais comme les parties métalliques forment une fraction considérable du prix total de l'appareil, l'économie du verre moulé perd de son importance, de sorte qu'on a cessé de fabriquer cet appareil, tout en conservant ceux qui sont en service.

43. — Appareil en verre moulé pour feu de direction (1860).

La fabrication des lentilles en verre taillé et poli exige beaucoup de temps et de dépense : aussi a-t-on essayé vers 1858 de fabriquer des lentilles dioptriques en verre simplement moulé. Le profil de ces lentilles, calculé par la méthode ordinaire, se compose d'un grand nombre de petits éléments d'une faible épaisseur réunis ensemble sans joint interposé. Le moule en fonte est travaillé au tour avec le plus grand soin et présente la forme exacte de la lentille en tenant compte du retrait. L'appareil pour feu de direction exposé sous le n° 43 a été exécuté de cette façon. Il se compose d'une grande lentille annulaire de 1 mètre de diamètre, d'une lentille conique et d'un réflecteur métallique. Ce dernier renvoie vers le foyer les rayons qui divergeraient du côté des terres ; la grande lentille réfracte dans la direction de l'axe les rayons qu'elle reçoit ; ceux de ces rayons qui la rencontreraient sous un angle trop ouvert sont déviés au préalable par la petite lentille conique. Quatre appareils semblables à celui-ci avaient été placés en 1860 dans les phares de Saint-Georges et de Suzac, à l'embouchure de la Gironde ; ils sont maintenant utilisés dans les phares de Saint-Pierre et du Chay, à Royan.

44. — Appareil en verre moulé pour feu à éclats.

Il se compose de 8 lentilles annulaires en verre moulé, de $0^m,30$ de distance focale. occupant chacune 1/8 de la circonférence et présentant une hauteur de $0^m,51$; chaque lentille est de 2 morceaux coulés dans le même moule. Le cadre de ces lentilles présente en haut et en bas la forme circulaire des éléments. L'appareil est porté sur un chariot à galets et sur un candélabre ordinaire. Une machine de rotation fait tourner le chariot à galets en 4 minutes, ce qui produit des éclats de 30 en 30 secondes. Une lampe à modérateur et ressort, avec bec à 2 mèches ancien modèle, éclaire l'appareil.

45. — Appareil en verre moulé pour feu fixe blanc varié par des éclats rouges (1859).

Cet appareil comprend deux parties. Celle qui est située au-dessous du plan focal se compose de 12 demi-lentilles annulaires de $0^m,32$ de distance focale, occupant chacune 1/12 de la circonférence avec une hauteur de $0^m,25$; ces lentilles sont recouvertes de verres rouges et produisent ainsi des éclats rouges. La partie située au-dessus du plan focal est un appareil cylindrique de feu fixe en verre moulé de 0^m,48 de hauteur. Douze bandes de verre rouge colorent ce feu fixe pendant la durée des éclats rouges de la partie inférieure.

46. — Collection de moules en fonte pour les appareils en verre moulé (1859).

47. — Moule pour un anneau d'appareil en verre taillé.

48. — Anneau de verre sortant du moule.

49. — Anneau de verre dont une face seulement a été taillée.

50. — Anneau de verre dont toutes les faces sont taillées.

Ces trois pièces de verre et le moule n° 47 sont exposés pour donner une idée de la manière dont se fabriquent les anneaux lenticulaires.

51. — Panneau lenticulaire complet pour feu fixe de 1er ordre (1866).

Ce panneau comprend un tambour dioptrique de 1 mètre de hauteur à 17 éléments, une coupole catadioptrique de 18 anneaux et une couronne inférieure de 8 anneaux. Il occupe 1/8 de la circonférence. On peut se faire une idée d'un appareil complet de feu fixe de 1er ordre en supposant 8 panneaux semblables placés sur une circonférence, à la suite les uns des autres. Les différents éléments qui composent le tambour dioptrique sont séparés par des faces inclinées suivant la direction du rayon réfracté, au lieu de l'être par des faces horizontales comme cela se faisait précédemment. Cette modification présente plusieurs avantages : le poids de la lentille est diminué ; l'angle extérieur des éléments devient moins aigu et par conséquent moins fragile ; la perte de lumière due au joint disparaît presque entièrement. Les lentilles décrites dans les numéros suivants présentent aussi ce perfectionnement. Les phares jumeaux de la Canche et ceux de Hourtin ont des appareils composés de panneaux semblables à celui qui vient d'être décrit, sauf en ce qui concerne la direction des joints, qui est horizontale.

52. — Panneau lenticulaire pour feu fixe de 2e ordre.

Ce panneau comprend un tambour dioptrique de $0^m,87$ de hauteur à 15 éléments, une coupole catadioptrique de 15 anneaux et une couronne inférieure de 5 anneaux. Il occupe 1/6 de la circonférence, de sorte qu'il faut 6 panneaux semblables pour faire un appareil complet de feu fixe de 2e ordre. La partie fixe de l'appareil du phare de Portzic est formée de 4 panneaux de ce genre.

53. — Panneau lenticulaire pour feu fixe de 3e ordre.

Il comprend un tambour dioptrique de $0^m,68$ de hauteur à 13 éléments, une coupole catadioptrique de 11 anneaux et une couronne inférieure de 4 anneaux. Il occupe 1/5 de la circonférence. Des appareils formés de panneaux semblables à celui-ci fonctionnent dans les phares suivants : Gravelines, Honfleur, Petit-Minou, Aiguillon, Haut-Banc du Nord, la Coubre, Cette, Grand-Rouveau.

54. — Lentille de 1er ordre à éléments verticaux.

Cette lentille est destinée à tourner autour d'un appareil de feu fixe de 1er ordre et à produire un éclat précédé et suivi de courtes éclipses, de manière à donner le caractère connu sous le nom de *feu fixe varié par des éclats.* Elle a $0^m,64$ de largeur sur 1 mètre de hauteur, cadre compris, et est formée de 7 éléments dioptriques ; sa distance focale est de 1 mètre. Trois lentilles semblables tournent en 12 minutes autour de l'appareil de Calais, de manière à produire des éclats toutes les 4 minutes. Au phare de Fatouville, les 3 lentilles portent des verres rouges et tournent en 9 minutes ; elles donnent ainsi des éclats rouges de 3 en 3 minutes.

55. — Lentille de 2e ordre à éléments verticaux.

Cette lentille, destinée à produire le caractère de feu fixe varié par des éclats, est formée de 9 éléments et présente $0^m,66$ de largeur sur $0^m,87$ de hauteur ; sa distance focale est de $0^m,78$. Trois lentilles semblables tournent en 9 minutes autour de l'appareil du phare de Portzic.

56. — Lentille de 3e ordre à éléments verticaux.

Elle se compose de 7 éléments dioptriques ; elle a $0^m,48$ de largeur sur $0^m,68$ de hauteur et $0^m,58$ de distance focale. On trouve des lentilles semblables dans les phares de Chausey, des Sept-Îles, de l'Île Vierge, du Commerce, des Barges et de l'Espiguette.

57. — Panneau de lentilles annulaires pour feu à éclats de 1er ordre.

Ce panneau comprend 3 lentilles annulaires: celle du tambour, qui a $1^m,00$ de hauteur ; celle de la coupole catadioptrique, qui comprend 18 anneaux, et celle de la couronne inférieure, qui en a 8. En le coupant dans l'axe par un plan vertical on aurait exactement le même profil que celui des lentilles du n° 51. Il occupe 1/8 de la circonférence. 8 panneaux semblables placés à la suite les uns des autres, suivant les côtés d'un octogone régulier, constituent un appareil de feu à éclats de minute en minute, en supposant que la rotation s'effectue en 8 minutes. Il n'y a

sur les côtes de France aucun appareil complètement semblable à ce modèle; à l'Ailly, à Belle-Île et à Cordouan la
lentille annulaire de la coupole est déviée de quelques
degrés, de manière à augmenter la durée de l'éclat au lieu
de contribuer à accroître son intensité, et la lentille annulaire du bas est remplacée par des anneaux de feu fixe disposés comme dans le panneau n° 51, afin de produire un
feu fixe de faible intensité visible jusqu'à une certaine
distance entre les éclats. Les phares des Baleines et de
Contis comprennent 16 panneaux annulaires occupant
chacun 1/16 de la circonférence et ayant par conséquent
une largeur moitié de celle du panneau n° 57. On se
ferait une idée de ces lentilles en enlevant de chaque côté
du panneau exposé le quart de sa largeur. Le phare des
Roches Douvres comprend des lentilles plus étroites encore, puisqu'il y en a 24 dans la circonférence.

58. — Panneau de lentilles annulaires pour feu à éclats de 2e ordre.

Il se compose d'une lentille de tambour de 0^m,87 de
hauteur, d'une coupole catadioptrique de 15 anneaux et
d'une couronne inférieure de 5 anneaux. Il occupe 1/8 de
la circonférenec. Le phare du Four (Loire-Inférieure) a des
lentilles un peu plus étroites, parce qu'elles n'occupent
que 1/12 de la circonférence; l'appareil de ce phare tourne
en 6 minutes et produit des éclats de 30 en 30 secondes.
La lentille de la coupole est déviée pour prolonger l'éclat,
et la lentille inférieure est remplacée par une lentille de
feu fixe, comme cela est indiqué dans le numéro précédent
pour les phares de 1er ordre. L'appareil du phare du Pilier
contient deux panneaux annulaires qui occupent chacun
1/8 de la circonférence, mais qui diffèrent de celui dont
il s'agit ici par certains détails, comme on peut le voir au
n° 73.

59. — Panneau de lentilles annulaires pour feu à éclats de 3ᵉ ordre.

La lentille du tambour a o^m,68 de hauteur; celle de la coupole se compose de 14 anneaux et celle de la couronne inférieure n'en a que 4. Le panneau occupe 1/8 de la circonférence. Les phares des Pierres-Noires et du Four (Finistère) contiennent des panneaux annulaires d'une largeur moitié moindre, c'est-à-dire de 1/16 de la circonférence.

60. — Réflecteur catadioptrique de 1ᵉʳ ordre.

Ce réflecteur et ceux des numéros suivants présentent une nouvelle application du phénomène de la réflexion totale, déjà utilisée par Fresnel, dans les anneaux catadioptriques. Ils sont destinés à remplacer les réflecteurs métalliques de forme sphérique qu'on place dans l'angle mort des appareils et dont les nᵒˢ 33 et 35 donnent des exemples. Le réflecteur catadioptrique de 1ᵉʳ ordre a o^m,85 de rayon; il occupe 1/8 de la circonférence et est composé de 11 anneaux. La section de chacun de ces anneaux a la forme d'un triangle rectangle et isocèle, dans lequel l'hypoténuse est remplacée par un arc de cercle ayant son centre au foyer. Les rayons lumineux partis de ce foyer pénètrent dans l'anneau sans éprouver de déviation, puisqu'ils sont normaux à la face d'entrée; ils se réfléchissent totalement sur l'une des faces de l'angle droit, puis sur l'autre, et, par suite de la symétrie de la figure, sortent de l'anneau normalement à la grande face pour se diriger vers le foyer, et de là vers les lentilles opposées. Ces réflecteurs coûtent plus cher que ceux en métal, mais ils donnent de bien meilleurs résultats. On n'a eu qu'une fois l'occasion de les employer dans les grands appareils; mais ils ont reçu de nombreuses applications dans les appareils des derniers ordres, notamment pour les feux de direction.

61. Réflecteur catadioptrique de 2e ordre.

Ce réflecteur a $0^m,63$ de rayon ; il occupe 1/6 de la circonférence et est composé de 10 anneaux.

62. — Réflecteur catadioptrique de 3e ordre.

Il a $0^m,44$ de rayon, occupe 1/5 de la circonférence et comprend 9 anneaux.

63. — Lentille annulaire dioptrique de 1er ordre.

Cette lentille a une forme circulaire de $1^m,10$ de diamètre. Elle a été construite comme spécimen d'une exécution aussi parfaite que possible ; chacun des anneaux qui la composent est d'une seule pièce. Elle est portée sur un pied et peut tourner autour d'un axe horizontal. Elle pourrait être utilisée pour un feu de direction de 1er ordre ou pour faire des expériences sur la chaleur solaire.

64. — Appareil de feu fixe de 4e ordre sur candélabre.

Cet appareil, de $0^m,50$ de diamètre, éclaire tout l'horizon et présente une portière occupant un angle droit. Il comprend une coupole de 5 anneaux, un tambour de 5 éléments et une couronne inférieure de 3 anneaux. Il est porté sur un candélabre en fonte destiné à être scellé au sommet du noyau de l'escalier d'une tourelle.

65. — Appareil de feu fixe de 4e ordre avec réflecteur catadioptrique.

Cet appareil, de $0^m,50$ de diamètre, comprend sur la moitié de la circonférence un tambour de feu fixe de

5 éléments, une coupole de 6 anneaux et une couronne inférieure de 3 anneaux. L'autre moitié de la circonférence est occupée par un réflecteur catadioptrique de 9 anneaux, qui renvoie les rayons lumineux vers le foyer et en augmente ainsi l'intensité; la moitié de ce réflecteur est disposée de manière à former portière. Un appareil semblable est placé dans le phare de Deauville.

66. — Appareil de 4ᵉ ordre pour feu à éclats.

Cet appareil est formé de 6 lentilles annulaires complètes, dont le profil est le même que celui des lentilles de feu fixe du n° précédent. Une de ces lentilles forme portière. Deux appareils semblables, placés dans les phares de Berck et des Poulains, tournent en 30 secondes et produisent des feux scintillants de 5 en 5 secondes. L'appareil du cap Couronne ne tourne qu'en 2 minutes et donne des éclats de 20 en 20 secondes.

67. — Appareil de 4ᵉ ordre
pour feu fixe varié par des éclats, avec candélabre
et machine de rotation.

Le candélabre porte une table circulaire sur laquelle roule un chariot à 6 galets. Ce chariot est circulaire et forme roue dentée qui engrène avec un pignon monté sur un arbre de la machine de rotation. Il supporte 3 lentilles à 5 éléments verticaux de 0ᵐ,32 de distance focale et de la même hauteur que l'appareil de feu fixe. Celui-ci a 0ᵐ,50 de diamètre et est placé au centre sur une petite table circulaire. La machine de rotation est établie de côté sur une table de service; elle fait tourner l'appareil avec une vitesse d'un tour en 9 minutes, ce qui produit des éclats de 3 en 3 minutes; ces éclats sont colorés par des verres rouges placés devant les lentilles mobiles. Cet appareil a été utilisé dans le port de Marseille. Les phares du cap Lévi et du cap Sépet ont des appareils semblables à celui qui vient d'être décrit ; seulement les lentilles mobiles ne règnent que sur la hauteur du tambour.

68. — Appareil pour feu fixe de 5° ordre, de 0^m,375 de diamètre, avec réflecteur catadioptrique.

Cet appareil est semblable à celui du n° 65, avec un diamètre plus petit. Il comprend, sur la moitié de la circonférence, un appareil de feu fixe, et sur l'autre moitié un réflecteur catadioptrique, dont une partie forme portière. Des appareils analogues sont employés dans beaucoup de fanaux ou feux de port, mais sans réflecteur catadioptrique, et avec une partie de feu fixe éclairant la moitié ou les 3/4 de l'horizon.

69. — Appareil pour feu fixe de 5° ordre, de 0^m,30 de diamètre.

Cet appareil éclaire les 3/4 de l'horizon et représente ceux qu'on emploie le plus souvent dans les fanaux ou feux de port.

70. — Appareil lenticulaire pour feu de direction.

Cet appareil a 0^m,1875 de distance focale. Il comprend une lentille annulaire et un réflecteur catadioptrique. La lentille annulaire est formée de 3 éléments dioptriques et de 7 anneaux catadioptriques embrassant une circonférence entière, sauf les deux derniers anneaux, qui sont coupés suivant un plan horizontal passant à 0^m.30 en contre-bas du foyer. Le réflecteur catadioptrique occupe un angle de 180 degrés et est composé de 9 anneaux à double réflexion totale ; il est en deux parties, dont l'une forme portière pour permettre le service de la lampe. La lampe est à niveau constant, avec bec à deux mèches, et donne une intensité de 2ᵇ,2. L'intensité de l'appareil est de 2,086 becs dans l'axe et la divergence horizontale est de 14 degrés.

71. — Appareil de 3ᵉ ordre pour feu alternativement fixe et scintillant (1873).

Le caractère que présente cet appareil a été appliqué pour la première fois au phare du Four (Finistère) et a été désigné sous le nom de *feu fixe et scintillant*. Il pourra être employé avec avantage lorsqu'on aura à installer un nouveau feu sur un point du littoral où il en existe beaucoup et où se trouvent appliqués les principaux caractères déjà connus. L'appareil de troisième ordre se compose de deux parties différentes, occupant chacune une moitié de la circonférence : l'une est un demi-appareil de feu fixe ordinaire de 1 mètre de diamètre; l'autre comprend huit panneaux annulaires complets, correspondant chacun à 1/16 de la circonférence et destinés à produire les huit éclats du feu scintillant. La machine de rotation est placée dans le socle; elle a reçu les dispositions particulières adoptées pour les appareils tournant rapidement. La rotation s'effectue en une minute, de sorte qu'on aperçoit pendant trente secondes un feu fixe, et pendant les trente secondes suivantes huit éclats se succédant à trois secondes trois quarts d'intervalle. La lampe est à mouvement d'horlogerie, avec bec à trois mèches, disposé pour brûler de l'huile minérale. L'intensité lumineuse donnée par cette lampe est de 14 becs de Carcel; celle du feu fixe est de 220 becs, et celle de chacun des éclats du feu scintillant atteint 930 becs dans l'axe.

72. — Appareil de 4ᵉ ordre pour feu alternativement fixe et scintillant (1873).

Cet appareil se compose, comme le précédent, de deux parties : l'une est un demi-appareil de feu fixe de 0ᵐ,50 de diamètre ; l'autre comprend cinq panneaux annulaires occupant chacun 36 degrés. La rotation complète s'effectue en cinquante secondes, de sorte que l'appareil produit pendant vingt-cinq secondes un feu fixe, et pendant les vingt-cinq secondes suivantes cinq éclats se succédant à cinq secondes d'intervalle. Ces éclats sont colorés en rouge. L'intensité de la lampe à deux mèches est de 6ᵇ·,9, celle du feu fixe blanc est de 59 becs, et sa portée de 12ᵐⁱˡ·,6 ; les éclats donnent 270 becs de lumière blanche et ont une portée de 12ᵐⁱˡ·,3, eu égard à leur coloration en rouge. Ces deux appareils ont été fabriqués par MM. Henry-Lepaute fils ; le premier a figuré à l'Exposition de Vienne en 1873.

73. — Panneau lenticulaire de 2ᵉ ordre, nouveau profil (1876).

Ce panneau est la reproduction de ceux qui viennent d'être employés dans l'appareil du phare du Pilier, à l'embouchure de la Loire. Pour produire le caractère de feu fixe varié par des éclats qui a été attribué à ce phare, on a adopté un appareil de feu fixe dont deux secteurs, de 1/8 d'horizon, opposés l'un à l'autre, sont remplacés par des panneaux de lentilles annulaires, et on a fait tourner cet appareil à raison d'un tour en huit minutes. Afin que les deux espèces de lentilles se raccordent sur les bords et puissent avoir une crémaillère commune, la distance focale, qui est de 0ᵐ,700 pour les lentilles de feu fixe, a été réduite à 0ᵐ,647 pour les lentilles annulaires. Le profil de ce lentilles présente des dispositions nouvelles. Dans la partie dioptrique, les joints qui séparent les éléments sont inclinés suivant la direction du rayon réfracté, comme on l'a déjà dit pour le panneau lenticulaire n° 51. Ce système a plusieurs avantages : il supprime une partie triangulaire de verre qui est inutile et il diminue par suite le poids de l'appareil ; il réduit dans une forte proportion la perte de lumière qu'occasionnent les joints horizontaux ; il rend moins aigus, et par conséquent moins fragiles, les angles extérieurs des éléments ; il diminue en outre leur saillie, ce qui permet de donner à la lentille dioptrique une plus grande hauteur. Cette lentille embrasse en effet un angle vertical de 76 degrés, tandis que dans les anciens profils elle n'occupait que 60 degrés environ : sa hauteur se trouve donc portée de 0^m,85 à 1^m,10. On satisfait ainsi à la condition que les rayons lumineux rencontrent le dernier élément dioptrique sous le même angle que le premier anneau catadioptrique, et éprouvent sur l'un et sur l'autre la même perte par réflexion. Le mode de calcul pour les éléments inférieurs de la lentille dioptrique et pour les anneaux catadioptriques du bas a été un peu modifié. On a déterminé, pour ces différents éléments, la véritable forme de la portion de flamme que la base du bec permet d'apercevoir de chacun d'eux, et on a pris pour foyer un point situé à peu près au centre de gravité de cette portion de flamme, au lieu de le placer, comme dans les anciens calculs, sur l'axe même de la lampe. Cette modification était d'autant plus nécessaire que le diamètre de la flamme avait été notablement augmenté ; le bec de la lampe à cinq mèches qui éclaire l'appareil a en effet 0^m,110 de diamètre, tandis que le bec à trois mèches anciennement affecté aux phares de second ordre n'avait que 0^m,074. On peut également signaler un petit perfectionnement dans le montage des lentilles : les anneaux du bas sont compris dans le même cadre que la lentille centrale, sans entretoise interposée; quant aux anneaux du haut, ils sont montés dans un second cadre séparé du premier par une entretoise métallique de forme circulaire, ce qui permet de laisser les anneaux intacts au lieu de les couper horizontalement, comme on le faisait autrefois pour placer une entretoise rectiligne. La lampe qui se trouve au foyer du panneau lenticulaire présente des dispositions particulières imaginées par M. Dénéchaux, faisant fonctions d'ingénieur ordinaire au service central des phares. Ainsi les poches ou valvules en peau et les clapets en cuir, qui donnent quelquefois lieu à des dérangements, ont été remplaces par des pistons ordinaires et des clapets métalliques. De plus, le corps de pompes se trouvant noyé dans l'huile, on a pu donner au réservoir une capacité plus grande sans augmenter les dimensions extérieures de la lampe. Le bec que supporte cette lampe contient cinq mèches concentriques et présente une forme étagée, chaque mèche se trouvant à $0^m,002$ au-dessous de celle qui la précède du côté du centre. Cette disposition a pour but d'abaisser autant que possible le bord du bec par rapport au centre de la flamme et de diminuer ainsi l'occultation qu'il produit pour les parties inférieures de la lentille. L'intensité qu'on obtient avec cette lampe à cinq mèches, brûlant de l'huile minérale, est de 36 becs de Carcel; le panneau annulaire complet donne un éclat de plus de 5 000 becs. Cet appareil a été exécuté par MM. Henry-Lepaute fils; il a figuré à l'exposition de Philadelphie en 1876.

74. — Appareil lenticulaire pour feux provisoires de différents caractères.

Cet appareil est destiné à servir de rechange lorsqu'un

phare existant a besoin de réparation, ou de feu provisoire
en attendant l'installation d'un phare définitif. Il est disposé de manière à produire à volonté les différents caractères que présentent les feux du littoral. Il se compose
d'un appareil de feu fixe de $0^m,375$ de diamètre, éclairant
les trois quarts de l'horizon, et d'un tambour de $0^m,50$ de
diamètre, composé de huit lentilles verticales. La lanterne
est circulaire et a $0^m,81$ de diamètre extérieur. Le piédes-
tal, de $0^m,45$ environ de diamètre, contient une machine
qui imprime au tambour lenticulaire un mouvement de
rotation. Les différentes parties de cet appareil ont des
dimensions aussi réduites que possible, afin qu'on puisse
facilement le transporter et le monter sur la galerie extérieure d'un phare en réparation ou sur une charpente
provisoire. La machine de rotation peut imprimer au tambour trois vitesses différentes, que l'on obtient à volonté
par un système d'embrayage. Les lentilles verticales glis-
sent dans des rainures de l'armature, de sorte qu'on peut
en enlever autant qu'il est nécessaire pour produire le
caractère voulu. Elles sont formées de deux parties super-
posées. Chacune d'elles est accompagnée d'un petit cadre
dans lequel on peut placer, s'il y a lieu, un verre coloré.
La lampe focale est à réservoir inférieur sans mécanisme,
avec bec à deux mèches brûlant de l'huile minérale; elle
reçoit une cheminée blanche ou colorée, suivant les cas;
elle peut être remplacée par une lampe à une mèche, si
l'on n'a besoin que d'une faible intensité. On produit avec
cet appareil : un feu fixe blanc ou coloré, en enlevant
toutes les lentilles verticales, ainsi que la machine, et en
plaçant sur la lampe une cheminée blanche ou colorée;
un feu à éclipses de minute en minute, ou à éclipses de
trente en trente secondes, ou scintillant, en conservant
toutes les lentilles verticales et en faisant produire par la

machine l'une des trois vitesses qu'elle peut donner; un feu à éclipses avec des éclats alternativement blancs et rouges ou rouges et verts, en plaçant devant un certain nombre de lentilles des verres rouges ou verts, dans l'ordre indiqué par le caractère du feu; un feu fixe varié par des éclats précédés et suivis d'éclipses, en conservant une des lentilles verticales, ou plusieurs de ces lentilles également espacées, et en adoptant une des trois vitesses, suivant l'intervalle que doivent avoir les éclats; un feu fixe varié par des éclats sans éclipses, en enlevant la moitié de chacune des lentilles verticales et en adoptant une des trois vitesses. L'intensité lumineuse de la lampe à deux mèches étant de 6 becs 1/2, celle du feu fixe est de 40 becs et celle de l'éclat s'élève à 200 becs. Cet appareil a été construit par MM. Barbier et Fenestre, il a figuré à l'exposition de Philadelphie en 1876.

75. — Appareil de feu de marée indiquant les hauteurs d'eau (1876).

Les signaux de marée, destinés à faire connaître aux navigateurs les hauteurs de l'eau dans un port ou dans un chenal, se font, pendant le jour, au moyen de ballons qui se hissent sur un appareil composé d'un mât et d'une vergue. Les indications ne commencent que lorsque la hauteur dépasse 2 mètres; un ballon placé à l'intersection du mât et de la vergue, ainsi que tout ballon placé sur le mât au-dessous de celui-ci, ajoute 1 mètre à la hauteur primitive de 2 mètres, et tout ballon placé au-dessus en ajoute 2. Les fractions de mètre sont indiquées par des ballons hissés à une extrémité de la vergue ou à l'autre: quand le ballon paraît à gauche du mât, il indique $0^m,25$; quand il est vu à droite, il indique $0^m,50$; les deux ballons indiquent ensemble $0^m,75$. On complète ces renseignements en faisant connaître le mouvement de la marée au moyen d'un pavillon blanc avec croix noire et d'une flamme noire en forme de guidon. Jusqu'à présent ces indications n'ont pas été données pendant la nuit. Mais à la suite des réclamations des pilotes de la basse Seine, et eu égard au développement considérable qu'a pris la navigation de la Seine dans ces derniers temps, il a été décidé qu'un appareil serait installé dans le port de Honfleur pour donner aux pilotes, pendant la nuit, les indications de hauteur que le mât de signaux leur fournit pendant le jour. Pour arriver à ce résultat, il suffit de produire une série d'éclats dont on fait varier le nombre à volonté, d'attribuer à une partie de ces éclats une couleur qui représente les mètres et à l'autre partie une couleur différente représentant les quarts de mètre. enfin de séparer par une lumière fixe le signal ainsi produit du signal suivant. L'appareil exposé réalise cette combinaison. Il se compose d'un appareil de feu fixe de 0^m,50 de diamètre éclairant la moitié de l'horizon, d'un réflecteur catadioptrique occupant l'autre moitié et d'un demi-tambour de 8 lentilles verticales embrassant chacune 22 degrés 1/2. Ces 8 lentilles sont colorées, 5 en rouge et 3 en vert; elles sont disposées de manière à pouvoir être à volonté enlevées et remises en place, ou plutôt, afin d'éviter ces déplacements, elles peuvent tourner autour d'un axe vertical de manière à venir se placer dans un plan diamétral de l'appareil: dans cette position, elles ne produisent plus sur la lumière du feu fixe qu'une légère occultation, qui est à peu près insensible lorsqu'on emploie une lampe à deux mèches. Ces lentilles sont, du reste, maintenues par des taquets à ressort dans l'une ou l'autre des deux positions qu'elles doivent prendre. La rotation s'effectue en 80 secondes et pourrait au besoin être accélérée. Le sens du mouvement est tel, que les lentilles rouges paraissent avant les vertes. Voici maintenant quelle est la manœuvre de cet appareil. Comme tous les feux de marée, on l'allume dès que la mer atteint une hauteur de 2 mètres au-dessus des plus basses eaux ; toutes les lentilles sont enlevées ou du moins placées dans les plans diamétraux, de sorte qu'on a l'apparence d'un feu fixe ordinaire. Dès que l'eau atteint $2^m.25$, le gardien met en place la lentille verte, qui se présente la première dans le sens du mouvement ; on voit alors toutes les 80 secondes un éclat vert précédé et suivi d'une courte éclipse, puis un feu fixe blanc durant 75 secondes entre chaque éclat et le suivant. La seconde lentille verte est mise en place lorsqu'il y a $2^m,50$ d'eau, et la troisième lorsqu'il y en a $2^m,75$. On voit alors deux, puis trois éclats verts se succédant à 5 secondes d'intervalle, suivis d'un feu fixe blanc pendant 70 ou 65 secondes et se reproduisant toutes les 80 secondes. Lorsqu'il y a 3 mètres d'eau, le gardien enlève ou retourne les trois lentilles vertes et met en place la dernière lentille rouge dans le sens du mouvement, c'est-à-dire celle qui confine à la première lentille verte. Cette lentille rouge ajoute 1 mètre aux 2 mètres primitifs, et représente ainsi 3 mètres de hauteur. En remettant successivement en place la première, la deuxième et la troisième lentille verte, qui suivent immédiatement cette lentille rouge, on indique $3^m,25$, $3^m,50$ et $3^m,75$. Pour 4 mètres, on retourne encore les trois lentilles vertes et on met en place l'avant-dernière lentille rouge, de sorte qu'on aperçoit deux éclats rouges qui ajoutent 2 mètres à la hauteur primitive et représentent par conséquent 4 mètres. En continuant ainsi, on peut arriver jusqu'à produire 5 éclats rouges et 3 éclats verts, lesquels se succèdent à 5 secondes d'intervalle et sont suivis d'un feu fixe blanc durant 40 secondes. Ce signal représente une hauteur de 7^m,75, qui dépasse les besoins ordinaires de la pratique. Lorsque la mer descend, on reproduit les mêmes signaux dans l'ordre inverse, et le feu est éteint dès que la hauteur s'est abaissée à 2 mètres. Dans cet appareil, le feu fixe blanc a une intensité de 81 becs et une portée de 13 $^{mil.}$ 1/2; l'intensité des éclats est d'environ 250 becs de lumière blanche; leur portée est de 12 milles pour les rouges, et elle peut être supposée à peu près la même pour les verts, en admettant une coloration un peu claire, qui, dans ce cas, n'a pas d'inconvénient. Les éclats sont produits au moyen de lentilles colorées dans leur épaisseur. Ce mode de coloration a été appliqué pour la première fois en 1876, à l'appareil de signaux de marée du port de Honfleur. Le système qui vient d'être décrit a été complété de manière à donner les indications relatives à la marche de la marée. Deux écrans opaques ont été placés vers le milieu de la partie du tambour mobile qui ne porte pas de lentilles colorées, et ces écrans produisent deux occultations rapides à peu près au milieu de la durée du feu fixe blanc. Ces deux écrans peuvent être enlevés et permettent de produire 3 signaux, savoir : deux occultations si on les laisse en place, une occultation si l'on en enlève un; pas d'occultation si on les enlève tous deux. On est convenu qu'une occultation désignerait la mer montante, que deux occultations indiqueraient la mer descendante, et que l'absence d'occultation signifierait que la mer est étale.

Cet appareil, construit par MM. Barbier et Fenestre, figure à l'exposition universelle de 1878, dans le pavillon du ministère des travaux publics, au Champ-de-Mars.

III.

MACHINES DE ROTATION.

---

76. — Machine de rotation avec volant à déclic réglé par une horloge à pendule et à échappement (vers 1780).

Cette machine fait tourner l'appareil à réverbères sphériques et mèches plates décrit au n° 1. Elle est actionnée par un poids, et son dernier mobile porte un volant qui est retenu par un déclic. Une petite machine d'horlogerie, indépendante de la première, est réglée par un pendule à seconde et à échappement. Cette machine fait partir toutes les 5 secondes le déclic qui retient le volant de la première, et ce volant peut alors faire un tour entier; l'arbre qui porte le phare tourne d'un petit angle et s'arrête ensuite jusqu'à ce que le volant devienne libre de nouveau. L'appareil fait un tour entier en 9 minutes.

77. — Machine de rotation avec pendule à seconde et à échappement (1791).

Cette machine fait tourner l'appareil n° 4 avec réflecteurs paraboliques et becs d'Argand. Elle est plus simple que la précédente en ce qu'elle est réglée directement par l'oscillation du pendule, au lieu d'exiger l'intervention d'une petite machine accessoire. Elle fait faire à l'appareil un tour en 4 minutes.

Des machines analogues furent employées dans tous les phares tournants jusqu'au moment où Fresnel remplaça le balancier à échappement par le volant-pendule. Le premier phare lenticulaire tournant, installé à Cordouan en 1823, était encore mis en mouvement par une machine à échappement. Ce n'est qu'un peu plus tard qu'on introduisit dans ce phare la machine de rotation avec volant-pendule, décrite au n° 80.

78. — Ancienne machine de rotation d'appareil de 1ᵉʳ ordre, sans balancier, avec volant se réglant à la main.

Cette machine a dû être construite de 1821 à 1825 après les machines à balancier et échappement qu'on voit sous les nᵒˢ 76 et 77, mais avant la machine n° 80, qui porte un volant-pendule.

79. — Ancienne machine de rotation, dont le volant manque.

Cette machine a reçu diverses modifications et a été utilisée pour des installations de feux provisoires.

80. — Première machine de rotation de 1ᵉʳ ordre avec volant-pendule.

Cette machine est celle qui a été montée dans la tour de Cordouan peu de temps après 1823, date de l'allumage du premier appareil lenticulaire tournant: elle a continué à faire tourner cet appareil jusqu'en 1854. Fresnel, dès l'origine de ses études sur les phares, avait remarqué que les machines à échappement ont l'inconvénient d'imprimer à l'appareil un mouvement saccadé, puisqu'à chaque oscillation du balancier la rotation s'arrête brusquement pour recommencer ensuite, et il en concluait que cette perte de force vive devait être une cause incessante de dé-gradation. Dès le mois de janvier 1821 il exprima devant la Commission des phares l'avis que les machines à échap-pement, comme celles qui figurent au Musée sous les n°° 76 et 77, pourraient être remplacées par des machines sans échappement, réglées seulement par un volant, puisqu'on n'avait pas besoin d'une exactitude rigoureuse dans l'espace-ment des éclats. Il reconnut que si l'on augmente à la fois le poids moteur et l'étendue des ailes du volant, de manière à conserver la même vitesse, la résistance de l'air sur ces ailes devenant alors considerable, les autres résis-tances, comme les frottements, n'en forment plus qu'une petite fraction, de sorte que les variations que ces frotte-ments peuvent éprouver n'altèrent plus sensiblement la durée de la rotation. Cette idée de l'emploi d'un volant à ailettes fut appliquée sur quelques machines comme celle qui figure au Musée sous le n° 78, et un peu plus tard Fresnel y apporta un notable perfectionnement, consistant à faire modifier par le mouvement même de la machine l'inclinaison des ailes du volant, et par suite la résistance qu'elles opposent. Il y parvint au moyen d'un appareil qu'il appela volant-pendule, et qui est fondé sur un prin-cipe analogue à celui du régulateur de Watt. Après quel-ques essais, un premier volant-pendule fut exécuté par M. Henry-Lepaute au commencement de 1825, et cet ap-pareil fut depuis lors introduit dans toutes les machines de rotation des phares. On en voit un dans la machine n° 80, qui accompagne l'ancien appareil du phare de Cor-douan.

81. — Diverses machines de rotation.

Plusieurs machines de rotation, de construction moderne, sont associées aux appareils qui figurent dans ce catalogue sous les n°s 67, 71, 72, 74, 75.

82. — Machine de rotation d'un appareil de 5e ordre.

Cette machine est un exemple de celles qui sont habituellement employées dans les phares de 5e ordre.

83-84. — Deux sabliers.

Ces sabliers servaient autrefois, dans les phares, à mesurer le temps pour se rendre compte de la vitesse de rotation des appareils ou de la quantité d'huile consommée dans les lampes. Le sable passe en une heure dans le plus grand, et en 9 minutes dans le plus petit.

IV.

LAMPES ET BECS.

**85. — Lampe à niveau constant, à mèche plate,
avec réverbère sphérique.**

Un réservoir cylindrique de o^m,o68 de diamètre sur
o^m,o8o de hauteur plonge dans le corps de la lampe et est
muni à la partie inférieure d'une soupape produisant le
niveau constant. Le bec fixé au bas du corps de lampe est
à mèche plate de 27 millimètres de largeur; il est accompagné d'un réflecteur sphérique de o^m,19 de largeur sur
o^m,16 de hauteur; le corps de lampe est garni de plomb à
la partie inférieure et repose sur un pied; sa hauteur, y
compris le pied, est de o^m,16.

Ce système de lampe est employé depuis le 1er octobre 1834 pour les deux feux de marée de la jetée orien-
tale du port de Dieppe.

86. — Lampe à niveau constant et bec d'Argand.

Cette lampe a dû servir à éclairer un réflecteur Lenoir
de o^m,85 d'ouverture comme ceux de l'appareil n° 4. Le
corps de lampe a o^m,22 de hauteur sur o^m,10 de largeur et
o^m,o3 d'épaisseur. Le bec de lampe porte une mèche de
o^m,o19 de diamètre moyen; il est muni d'un robinet
qui sert à le vider. La cheminée, sans coude, à o^m,o5 de
diamètre moyen et o^m,22 de hauteur; elle est soutenue
par une tige et deux anneaux.

87. — Première lampe à mouvement d'horlogerie avec bec à quatre mèches.

Au foyer de l'appareil de Cordouan n° 31, on voit une lampe à 4 mèches concentriques et à mouvement d'horlogerie. C'est une des premières qui aient été construites après les expériences de Fresnel et d'Arago sur ce sujet. La question des lampes à mèches multiples avait été étudiée à la fin du xviii° siècle par Guyton de Morveau, qui se proposait de produire ainsi une source de chaleur pour les chimistes. Dans un mémoire qu'il lut à l'Institut en 1797, il annonça qu'il avait fait construire, dix ans auparavant, une lampe sur les principes d'Argand, à 3 mèches circulaires concentriques ayant chacune un courant d'air intérieur et extérieur. Il obtint une grande intensité, mais les soudures du bec étaient détruites par la chaleur. Vers 1800, l'horloger Carcel imagina le système de lampes qui porte son nom et dans lequel l'huile placée à la partie inférieure est refoulée par une pompe vers le bec au-dessus duquel elle se déverse. Cette invention devait conduire à résoudre le problème des lampes à mèches multiples. En effet, lorsque Fresnel et Arago commencèrent en 1819 leurs expériences sur les lampes, ils firent arriver au bec de l'huile en surabondance, de manière à le rafraîchir et à éviter les inconvénients qu'avait rencontrés Guyton de Morveau. Les premiers essais eurent lieu en septembre 1819 sur des becs à 2 et à 3 mèches établis d'après les dessins de Fresnel. Après plusieurs tâtonnements qui portèrent principalement sur la largeur à adopter pour les passages d'air entre les mèches, on parvint à construire un bec à 4 mèches donnant de très-bons résultats. Il fut essayé le 12 mai 1820, en présence de la Commission des phares.

Le bec qui est au foyer de l'appareil de Cordouan et celui qui est exposé dans le Musée sous le n° 88 furent construits conformément à ce premier type. La lampe sur laquelle ce bec est placé est décrite au n° 92.

88. — Bec à quatre mèches, en fer-blanc.

Ce bec est un des premiers construits à la suite des expériences d'Arago et de Fresnel en 1820. Il a figuré à l'exposition de Londres de 1876.

89. — Lampe hydrostatique de Girard.

Le principe de cette lampe est le même que celui de l'appareil connu en physique sous le nom de « Fontaine de Héron », mais avec des modifications qui régularisent la force ascensionnelle du liquide. On en a employé, avec un bec à 1 mèche, dans des appareils lenticulaires de $0^m,30$ de diamètre, savoir : à l'île d'Yeu, de 1829 à 1830 ; au fort la Croix et à la Coubre, de 1830 à 1845 et 1852 ; aux Sept-Îles, de 1835 à 1854 ; à Hœdic, de 1836 à 1851 ; aux Héaux de Bréhat, de 1832 à 1840.

90. — Lampe hydrostatique de Girard.

Semblable à la précédente.

91. — Lampe à mouvement d'horlogerie, ancien système.

Le mécanisme de cette lampe offre la disposition ordinaire de celui des *tourne-broches* et a pour moteur un poids et pour modérateur un volant à ailes. Ce mécanisme transmet, par un engrenage d'angle, un mouvement de rotation à un arbre vertical qui traverse le réservoir d'huile et s'élève à la hauteur du corps de pompes fixé sur le couvercle du seau. L'arbre tournant communique, par l'intermédiaire de roues dentées, un mouvement rectiligne alternatif aux bielles des pompes. Le *corps de pompes* comprend quatre chambres. Les poches ou valvules sont en peau de mouton, ou autre cuir souple et mince. Les clapets sont en cuir. Chacun de ces clapets, découpé au moyen d'un emporte-pièce, est maintenu par une petite languette formant charnière.

92. — Lampe à mouvement d'horlogerie, dite lampe Wagner.

Dans cette lampe, le mouvement est transmis à deux arbres verticaux au moyen de bielles et engrenages. Ces arbres traversent le réservoir d'huile et mettent en jeu les pompes alimentaires par l'intermédiaire de deux leviers coudés, fixés à leurs extrémités supérieures. Un volant à ailes sert de régulateur à ce mécanisme. Le corps de pompes et les poches ou valvules sont semblables à ceux de la lampe qui précède. Les clapets sont formés de rondelles de cuir, isolées dans leurs chambres. On peut modérer l'affluence de l'huile dans le bec en tournant plus ou moins une vis placée à la partie supérieure du corps de pompes par lequel l'huile passé pour arriver au bec.

93. — Lampe à échappement à chevilles, ou lampe Henry-Lepaute.

Le corps de pompes de cette lampe est disposé comme dans les deux lampes précédentes, avec cette seule différence que l'ajutage qui le surmonte renferme un diaphragme percé d'un très-petit orifice appelé trou régulateur. Le treuil moteur porte une roue de champ garnie, sur les deux faces de son limbe, de petits rouleaux perpendiculaires à son plan. Ces rouleaux forment échappement avec les quatre becs de leviers coudés, qui transmettent un mouvement circulaire alternatif à deux arbres verticaux traversant le réservoir d'huile. Ces arbres communiquent, enfin, par l'intermédiaire de leurs bras supérieurs, un mouvement rectiligne alternatif aux bielles des quatre pompes.

94. — Lampe à cames.

Cette lampe communique un mouvement alternatif aux pistons de deux corps de pompes. Le treuil moteur est garni, à l'une de ses extrémités, d'une roue de champ engrenant avec deux pignons, sur le devant de chacun desquels est fixée une came qui rencontre alternativement deux chevilles ajustées sur une tige verticale. Cette tige traverse, dans une boîte à cuir, le fond du réservoir d'huile et porte à son extrémité inférieure un large piston circulaire, lequel se meut dans un corps de pompe cylindrique entièrement immergé dans l'huile. Chacun des deux corps de pompe communique par le haut et par le bas avec une boîte à clapets, de manière à produire un jet continu dans le tuyau ascensionnel du bec de lampe. Ce tuyau porte à sa partie supérieure, immédiatement au-dessous du raccord, un diaphragme percé d'un petit orifice. Cette lampe n'a reçu qu'une application très-restreinte.

95. — Lampe à modérateur, à poids intérieur.

Le réservoir de cette lampe a une contenance double de celui des lampes ci-dessus. Un piston en fonte, garni d'un cuir embouti sur sa circonférence, disposé de manière à se mouvoir à frottement doux dans le corps de lampe, est relié au moyen d'une chaîne à un arbre horizontal situé à la partie supérieure de la monture. Cette chaîne est fixée vers le bas sur le piston, et à l'autre bout sur la gorge d'une poulie occupant le milieu de l'arbre. Sur le piston sont placés des poids en fonte ou en plomb destinés à le faire descendre lorsqu'il est remonté à la partie supérieure. En faisant tourner l'arbre au moyen d'une manivelle, la chaîne s'enroule sur la poulie, et le piston remonte; on n'a plus ensuite qu'à l'abandonner à lui-même pour que la pression qu'il exerce sur l'huile fasse remonter cette dernière jusqu'au bec. Le régulateur de cette lampe consiste en un orifice de petit diamètre dans lequel passe une aiguille de forme conique qu'on engage plus ou moins, selon qu'il s'agit de diminuer ou d'augmenter le débit. Un robinet disposé sur le tube d'ascension de l'huile, vers l'extrémité supérieure, permet, en outre, soit de régler l'écoulement, soit de l'arrêter tout à fait dans certaines circonstances.

96. — Lampe d'un système particulier imaginé par M. J. Wagner neveu.

Le corps de pompes de cette lampe présente les mêmes dispositions que ceux des lampes n°s 91 à 94, et il est surmonté d'un ajutage renfermant un diaphragme analogue à celui de la lampe n° 90. Le treuil moteur placé au-dessous du réservoir est garni, à l'une de ses extrémités, d'une roue sur laquelle engrène une chaîne à la Vaucanson. Cette chaîne, par l'intermédiaire d'un engrenage, fait tourner un arbre coudé, lequel imprime un mouvement rectiligne alternatif aux bielles des pompes. Dans la hauteur du réservoir de cette lampe est ménagé un compartiment pour une petite lampe veilleuse, laquelle est destinée à chauffer l'huile de colza pour l'empêcher de se congeler pendant les nuits d'hiver. Cette lampe n'a pas reçu d'application dans le service des phares.

97. — Lampe à quatre pistons.

Cette lampe, dont il a déjà été question au n° 73, a été imaginée en 1876 par M. Dénéchaux, faisant fonctions d'ingénieur ordinaire au service central des phares ; elle est en usage au phare du Pilier (Vendée) depuis septembre 1877. Elle diffère de celles des n°ˢ 91 à 93 en ce que les poches ou valvules en peau et les clapets en cuir, qui donnent quelquefois lieu à des dérangements, ont été remplacés par des pistons ordinaires et des clapets métalliques. De plus, le corps de pompes se trouvant noyé dans l'huile, on a pu donner au réservoir une capacité plus grande sans augmenter les dimensions de la lampe.

98. — Lampe à modérateur, à ressort, avec bec à deux mèches, pour huile de colza.

Un ressort à boudin est fixé par sa base au piston placé dans le corps de lampe ou réservoir. Ce piston, formé d'un disque en tôle muni d'une rondelle en cuir, s'appuie sur l'huile et l'oblige à monter dans un tube qui le traverse et débouche au-dessous du bec. L'ascension de l'huile est régularisée par une tige en fer s'engageant dans ce tube sur une longueur qui se réduit à mesure que la tension du ressort diminue, par suite de la descente du piston.

99. — Lampe à modérateur, à ressort, avec bec à une mèche, pour huile de colza.

Cette lampe est du même système que la précédente.

100. — Lampe à modérateur, à ressort, avec bec à une mèche, pour huile de colza.

Cette lampe, à l'usage des gardiens, est du même système que les deux précédentes.

101. — Lampe à niveau constant, à deux mèches, pour huile de colza.

Cette lampe est composée de deux parties : le corps de lampe et le réservoir. Le réservoir est muni, à sa partie inférieure, d'une soupape qui se relève quand la tige qu'elle porte vient s'appuyer sur le fond du corps de lampe, et c'est ainsi que s'établit la communication entre le réservoir et le bec. Au-dessous de ce réservoir est placée une petite lampe veilleuse servant de chauffoir.

102. — Lampe à niveau constant, à une mèche, pour huile de colza.

Cette lampe est du même système que la précédente.

103. — Lampe à niveau constant, à une mèche, dite lampe à tringle, pour huile de colza.

Cette lampe, à l'usage des gardiens, est disposée comme les deux précédentes.

104. — Lampe à niveau constant, à une mèche, dite lampe de photophore, pour huile de colza.

Cette lampe, du système des trois précédentes, est de forme rectangulaire. Elle s'accroche dans une petite lanterne et supporte un réflecteur parabolique de $0^m,29$ d'ouverture.

105. — Lampe à niveau constant, à une mèche et à huile de colza, pour appareil sidéral.

Même système que les quatre lampes précédentes, à l'exception de la disposition particulière du bec et surtout du porte-mèche.

106. — Lampe à pompe, à huile de colza.

Cette lampe a la forme d'un chandelier ordinaire avec sa bougie. Le réservoir d'huile est placé à la partie inférieure. De temps en temps, au moyen d'une petite pompe foulante logée dans la lampe, on fait monter l'huile dans un petit réservoir près de la partie supérieure du bec, en pressant sur la bobèche qui sépare la bougie du chandelier.

107. — Chauffoir à deux tubulures, pour lampes mécaniques à pompes.

Cet appareil se compose d'un réservoir à deux tubulures de hauteurs différentes, dans lequel on introduit une petite lampe veilleuse. Lorsque le froid est assez intense pour faire geler l'huile de colza, on plonge cet appareil dans le réservoir de la lampe de service.

108. — Réveil à carillon.

Pour faciliter la surveillance des gardiens, on adapte ce réveil à la lampe de service. L'échappement du mécanisme est retenu par la queue d'un levier portant à l'autre extrémité un godet percé d'un petit trou. Ce vase est placé sous l'égouttoir du bec, et, tant qu'il est entretenu plein d'huile, il soutient son contre-poids; mais si l'ascension de l'huile vient à s'arrêter, le godet se vide, le contrepoids s'abaisse, et le carillon, dégagé de son arrêt, entre aussitôt en jeu.

109. — Collection de moules à valvules.

Ces moules servent à emboutir la peau pour les poches ou valvules des pompes qui font monter l'huile dans les lampes mécaniques.

110 à 127. — Collection des becs
de lampe à huile de colza employés dans les phares
de 1823 à 1874.

110. — Bec à six mèches, raccord Henry-Lepaute. Il a servi pour des expériences récentes et n'a pas été employé dans un phare.

111. — Bec à quatre mèches, 1ᵉʳ ordre, raccord Henry-Lepaute.

112. — Bec à quatre mèches, 1ᵉʳ ordre, raccord Henry-Lepaute pour lampe à modérateur.

113. — Bec à quatre mèches, 1ᵉʳ ordre, raccord Wagner.

114. — Bec à trois mèches, 2ᵉ ordre, raccord Henry-Lepaute.

115. — Bec à trois mèches, 2ᵉ ordre, raccord Wagner.

116. — Bec à deux mèches, 3ᵉ ordre, raccord Henry-Lepaute.

117. — Bec à deux mèches, 3ᵉ ordre, raccord Wagner.

118. — Bec à deux mèches, 3ᵉ ordre, raccord Henry-Lepaute, pour lampe à modérateur.

119. — Bec à deux mèches, 3ᵉ ordre.

120. — Bec à deux mèches, 3ᵉ ordre, bec moyen.

121. — Bec à deux mèches, 4ᵉ ordre, bec double, pour lampe à modérateur.

122. — Bec à une mèche, 4ᵉ ordre, gros bec.

123. — Bec à une mèche, 4ᵉ ordre, petit bec.

124. — Bec à une mèche, 4° ordre, bec Carcel.

125. — Porte-mèche, gros bec, pour sidéral.

126. — Porte-mèche, bec moyen, pour sidéral.

127. — Porte-mèche, petit bec, pour sidéral.

**128. — Collection des anciennes mèches pour les becs
à huile de colza.**

**129. — Collection des anciennes cheminées
pour les becs à huile de colza.**

**130. — Bec à deux mèches avec robe extérieure
(1845).**

Ce bec a été construit par M. Henry-Lepaute et a été
employé depuis 1851 à l'éclairage du phare de Sche-
veningue (Pays-Bas); il a figuré à l'exposition de Londres
de 1876.

**131. — Lampe Maris, pour huile minérale,
avec cheminée à boule.**

Cette lampe a été employée dans les fanaux de 1856
à 1874.

**132 à 136. — Collection des becs Doty, pour huile
minérale (1868).**

132. — Bec à cinq mèches.

133. — Bec à quatre mèches.

134. — Bec à trois mèches.

135. — Bec à deux mèches.

136. — Bec à une mèche.

**137. — Bec à cinq mèches,
pour huile minérale, avec déversement de l'huile
par un tube central (1873).**

138 à 146. — Collection de becs
et lampes à huile minérale employés dans les phares
à partir de 1874.

Cette collection a été envoyée à l'exposition de Philadelphie, en 1876.

138. — Bec à six mèches.

139. — Bec à cinq mèches.

140. — Bec à quatre mèches.

141. — Bec à trois mèches.

142. — Bec à deux mèches.

143. — Bec à une mèche.

144. — Lampe à deux mèches, à réservoir inférieur.

145. — Lampe à une mèche, à réservoir inférieur.

146. — Lampe de gardien.

Les phares de France, comme ceux de la plupart des
autres pays de l'Europe, étaient il y a peu de temps exclu-
sivement éclairés à l'huile de colza. Lorsque l'usage des
huiles minérales commença à se répandre, l'Administration française dut songer à profiter des avantages de ce
nouveau combustible. Des essais furent faits, dès 1856, avec
de l'huile de schiste et donnèrent de bons résultats dans
les lampes à une mèche. En 1865, cette huile était employée dans presque tous les fanaux du littoral; mais on
hésitait à l'introduire dans les lampes à plusieurs mèches,
à cause des craintes qu'inspirait l'inflammabilité de ces
vapeurs, lorsque le capitaine Doty, citoyen américain,
vint proposer, en 1868, un bec de lampe à quatre mèches
dans lequel il brûlait de l'huile minérale. Il fit en même

temps connaître un produit, nommé huile paraffine d'Écosse, qui avait le précieux avantage de n'émettre de vapeurs inflammables qu'à une température de 60 à 70 degrés centigrades, tout en donnant d'excellents résultats au point de vue de l'intensité lumineuse. Après une série d'essais poursuivis au Dépôt central et dans quelques phares, l'emploi de cette huile fut adopté d'une manière générale et introduit dans tous les phares du littoral français. Dans ces derniers temps, quelques fabricants français sont parvenus à obtenir des produits qui remplissent les mêmes conditions que l'huile paraffine, et paraissent même lui être à quelques égards préférables, tout en étant d'un prix moins élevé. Depuis le 1er janvier 1876, l'huile minérale employée dans les phares de France provient de l'usine de M. Deutsch, près Paris, et elle coûte 79 centimes le kilogramme, rendue à destination.

L'adoption de ce nouveau mode d'éclairage devait entraîner une notable diminution de dépense; on jugea convenable d'employer une partie de l'économie à augmenter, dans l'intérêt de la navigation, l'intensité lumineuse des appareils. Les becs de lampe, dans les différents ordres de phares, furent donc agrandis de manière à recevoir chacun une mèche de plus, et on profita de la nécessité où l'on se trouvait de les reconstruire tous, pour y introduire de l'uniformité en donnant exactement le même diamètre aux mèches de même rang à partir du centre.

Les becs exposés ont depuis une jusqu'à six mèches. Les cinq premiers sont affectés aux cinq ordres de phares; le bec à six mèches est réservé pour des cas exceptionnels. Le diamètre extérieur de ces becs augmente de $0^m,02$ depuis $0^m,03$ jusqu'à $0^m,13$. Chaque mèche est contenue entre deux cylindres de cuivre mince espacés de $0^m,005$, et elle est séparée de la mèche voisine par un vide annulaire de 0^m,005 destiné à l'ascension de l'air froid, l'épaisseur du métal étant prise du côté de la mèche. Le diamètre moyen des mèches varie ainsi régulièrement de 0^m,025 à 0^m,125.

Les becs à une et à deux mèches peuvent être employés dans les lampes ordinaires à niveau constant, et tels sont les deux modèles exposés à côté des autres becs; mais ils sont souvent placés sur des lampes à réservoir inférieur qui n'ont aucun mécanisme, et dans lesquelles l'huile monte au bec par l'action de la capillarité. La première lampe de cette espèce dont on ait fait usage se nommait lampe Maris, du nom du constructeur (voir le n° 131); elle a été successivement modifiée et améliorée au Dépôt des phares. Celle dont on se sert aujourd'hui, et dont deux modèles figurent au Musée, se compose d'un réservoir cylindro-conique disposé de manière à rapprocher, autant que possible, la masse de l'huile du sommet du bec, sans cependant arrêter la marche des rayons lumineux que la flamme envoie vers les anneaux inférieurs de l'appareil optique. Ce réservoir a une contenance de 12 décilitres pour les lampes à une mèche et de 3 litres pour les lampes à deux mèches.

Les becs qui ont de trois à six mèches sont employés sur les anciennes lampes à mouvement d'horlogerie ou à poids intérieur. Chaque bec se visse par la partie inférieure sur le tube de la lampe par lequel monte l'huile. Celle-ci arrive alors dans le petit réservoir cylindrique de faible hauteur qui forme la base du bec. Dans les lampes qui brûlaient de l'huile de colza, ce réservoir communiquait directement par des tubes verticaux avec les enveloppes annulaires des mèches, et l'huile en surabondance se déversait par-dessus le bec pour retomber dans le corps de lampe. Le même système ne peut plus s'appliquer à l'huile minérale dont le niveau doit rester à $0^m,04$ ou $0^m,05$ au-dessous de la couronne du bec. Aussi M. Doty avait-il adopté une combinaison différente. Un grand réservoir d'huile, dans lequel le niveau était maintenu constant par l'appareil ordinaire connu sous le nom de vase de Mariotte, communiquait par un tube avec le bec, qui pouvait être placé à une distance plus ou moins grande, et dont le sommet était établi à la hauteur voulue au-dessus du niveau constant. Cette disposition donnait de bons résultats et convenait pour faire des expériences, mais elle était évidemment inadmissible dans la pratique. M. Doty eut alors l'idée d'adapter aux lampes ordinaires un tube latéral communiquant avec le bec et ouvert par la partie supérieure au niveau convenable (voir les n°s 132 à 136); l'huile en surabondance se déversait par cet orifice et retombait dans le corps de lampe par un tube enveloppant le premier. Mais cet appendice latéral, uniquement destiné à maintenir le niveau constant, pouvait être remplacé avec avantage par un orifice quelconque établi dans l'intérieur du bec au niveau voulu et donnant issue à l'huile; les premières lampes furent donc établies avec un tube placé dans l'axe du courant d'air intérieur, communiquant par le bas avec l'intérieur du bec et ouvert par le haut à $0^m,04$ ou $0^m,05$ en contre-bas du sommet (voir le n° 137). Ces becs donnèrent de bons résultats dans les expériences du Dépôt et furent appliqués dans quelques phares. On reconnut qu'ils fonctionnaient convenablement toutes les fois que la marche de la lampe ne laissait rien à désirer, mais que si le mécanisme présentait une légère imperfection, ou s'il y avait quelque inégalité dans les valvules des pompes, la vitesse d'ascension de l'huile éprouvait des variations plus ou moins brusques qui rendaient la flamme difficile à régler. Pour remédier à cet inconvénient, on a supprimé la communication directe entre le réservoir et le bec, et l'on a fait passer l'huile par un appendice latéral disposé de manière à maintenir le niveau constant. Cet appendice, dont les dispositions ont été imaginées par M. le conducteur principal Dénéchaux, faisant fonctions d'ingénieur ordinaire, comprend trois tubes juxtaposés ouverts par le haut et entourés d'une enveloppe qui s'élève un peu au-dessus. Le tube central aboutit par le bas au petit réservoir dont nous avons parlé; l'huile, qui n'a pas d'autre issue, monte par ce tube et, arrivée au sommet, tombe dans le deuxième tube, qui la conduit au bec, de sorte qu'elle en remplit toute la capacité intérieure jusqu'au niveau qu'elle a dans l'appendice latéral. Comme la quantité d'huile que fournit la lampe dépasse la consommation, l'excédant coule dans le troisième tube par-dessus un déversoir un peu plus élevé que celui que franchit l'huile pour se rendre au bec. Ce troisième tube conduit la surabondance d'huile jusque dans le grand réservoir de la lampe; il reçoit en outre, par un petit conduit latéral, les égouts d'huile de la cuvette qui forme la base du bec. Un disque horizontal de $0^m,020$ de diamètre surmonte de $0^m,017$ à $0^m,023$, suivant la grandeur du bec, le tube du courant d'air central, et un cylindre extérieur partage en deux le courant d'air qui s'établit entre le bec et la cheminée. C'est sur ce cylindre extérieur que glisse le porte-cheminée.

Les becs ainsi construits donnent de très-bons résultats. Les flammes sont faciles à régler et conservent une forme à peu près constante, sans éprouver d'oscillations sensibles. Les bulles d'air qui peuvent être entraînées par le liquide s'échappent par le tube latéral et ne peuvent plus nuire à la régularité de la flamme. Si, par une cause quelconque, le mécanisme de la lampe cesse momentanément de fonctionner, il n'y a pas d'extinction immédiate, parce que l'appendice latéral et le bec formant réservoir fournissent pendant quelques instants l'huile nécessaire à la combustion, ce qui permet de remédier à l'accident de la lampe s'il a peu d'importance. Un autre avantage de ce système, c'est que l'huile de surabondance, ne passant plus dans les conduits d'air, n'en diminue plus la section, et que n'ayant pas été en contact avec les mèches elle n'a rien perdu de sa qualité et n'altère pas celle de l'huile du réservoir à laquelle elle vient se mêler.

Il n'est pas inutile de faire remarquer que toutes les lampes, à l'exception de celles qui ont un réservoir inférieur sans mécanisme, sont disposées de manière à pouvoir au besoin brûler de l'huile de colza, si une cause quelconque obligeait à en reprendre momentanément l'emploi dans un phare. On arrive à ce résultat en relevant à la hauteur convenable le réservoir des lampes à niveau constant, au moyen d'un cran établi le long de l'enveloppe; et, pour les lampes des trois premiers ordres, en fermant l'orifice supérieur de l'appendice latéral ainsi que le tube par lequel l'huile en surabondance descend au réservoir, ce qui oblige l'huile à monter dans le bec jusqu'au sommet et à se déverser par-dessus.

La comparaison des deux modes d'éclairage conduit à des résultats intéressants. Les phares des différents ordres du littoral français consomment environ 320,000 kilogrammes d'huile minérale, ce qui, à raison de $0^f,79$ par kilogramme, représente une dépense de 252,800 francs. Si les mêmes phares étaient encore éclairés à l'huile de colza avec les anciens becs plus étroits que les nouveaux, la consommation serait de 245,000 kilogrammes, et la dépense, à 1 fr. 51 cent. le kilogramme, de 370,000 francs. D'un autre côté, la somme des intensités produites par toutes les lampes en service dans les deux cas s'élève à 3,000 becs pour l'huile minérale, et ne serait que de 1,785 becs pour l'huile de colza, ce qui fait revenir le prix de l'unité d'intensité, par an, à 84 francs dans le cas de l'huile minérale et à 207 francs avec l'huile de colza. Le rapport de ces deux prix est d'environ 2,5. On peut donc dire que, dans le service des phares de France, l'emploi de l'huile minérale a diminué la dépense de l'huile de près d'un tiers, tout en augmentant la quantité de lumière de plus des deux tiers, et qu'en définitive le nouveau combustible est deux fois et demie plus avantageux que l'ancien.

Il faut d'ailleurs remarquer que les diamètres des becs de chaque ordre ayant été augmentés, la divergence horizontale, et par suite, a durée d'apparition des éclats lumineux dans les feux tournants est plus grande qu'auparavant. Cette augmentation est de plus d'un cinquième dans les deux premiers ordres et de plus de moitié dans le troisième ordre.

Une petite lampe à huile minérale, à mèche circulaire de 15 millimètres de diamètre, brûlant 20 grammes d'huile par heure et donnant une intensité de près de deux tiers de bec, est destinée au service des gardiens, et est employée dans un très-petit nombre de fanaux qui n'ont pas besoin d'avoir une grande portée.

147 à 152. — Collection de becs à huile minérale, de forme étagée, adoptés dans le service des phares depuis 1876.

Cette collection figure à l'exposition universelle de 1878, dans le pavillon du Ministère des travaux publics, au Champ-de-Mars.

147. — Bec à six mèches.

148 — Bec à cinq mèches.

149. — Bec à quatre mèches.

150. — Bec à trois mèches.

151. — Bec à deux mèches.

152. — Lampe à deux mèches, à réservoir inférieur.

L'augmentation du diamètre du bec dans chaque ordre d'appareil et l'addition du cylindre extérieur destiné à guider le courant d'air présentent l'inconvénient que le bord supérieur du bec masque, pour les éléments inférieurs de l'appareil optique, une plus grande portion du volume de la flamme, et que la partie visible de cette flamme, se trouvant plus rapprochée de la lentille, donne des rayons divergents. Ce dernier défaut peut être corrigé par une modification du profil de l'appareil, comme cela a été fait pour les lentilles du phare du Pilier, dont un modèle figure au Musée sous le n° 73. Quant au premier, on est parvenu à l'atténuer beaucoup en donnant au bec une forme étagée, c'est-à-dire telle que chaque mèche est un peu au-dessous de celle qui la précède vers le centre. Les becs exposés présentent cette disposition et la différence de niveau d'une mèche à l'autre est de 2 millimètres.

153.— Bec étagé à cinq mèches pour huile minérale.

Ce bec a figuré à l'exposition de Londres de 1876.

154. — Collection de cheminées blanches, des divers ordres, pour becs à huile minérale.

155. — Collection de cheminées rouges, des divers ordres, pour becs à huile minérale.

156. — Collection de cheminées vertes, des divers ordres, pour becs à huile minérale.

157. — Collection de mèches des divers diamètres, pour huile minérale.

158. — Collection de photographies de flammes.

Ces photographies représentent en grandeur naturelle les flammes qu'on obtient avec les becs à huile minérale de forme étagée.

159. — Boîte d'instruments pour la vérification des huiles minérales.

Ces instruments se composent de deux densimètres, d'un appareil avec lampe à alcool pour chauffer au bain-marie l'huile qu'on veut éprouver, et d'un thermomètre que l'on plonge dans cette huile. Une petite lucerne, qu'on allume au-dessus de l'orifice par lequel sortent les vapeurs de l'huile, fait reconnaître à quel moment ces vapeurs sont inflammables, et le thermomètre indique quelle est à ce moment la température de l'huile. Ces instruments sont fournis par M. Luchaire.

160. — Bidon à bascule pour huile minérale.

Ce bidon a la forme cylindrique et est mobile autour d'un axe passant à peu près par son milieu; il se tient ordinairement dans la position verticale; son fond supérieur est un peu conique et permet de le remplir facilement; lorsqu'on veut y prendre de l'huile, on l'incline et on ouvre le robinet ainsi que le trou d'air supérieur. On le relève ensuite verticalement, et l'on est sûr de ne pas avoir de suintement par les robinets, qui se trouvent alors à la partie supérieure. Ce bidon est fabriqué par MM. Barbier et Fenestre.

161. — Photomètre.

Cet instrument sert à mesurer l'intensité d'une lumière quelconque en la comparant à une autre lumière prise pour unité. En France, on adopte pour unité l'intensité lumineuse d'une flamme de lampe Carcel brûlant 40 grammes d'huile de colza par heure. La lumière qu'il s'agit de mesurer étant placée à une distance connue du photomètre, on rapproche ou on éloigne la Carcel jusqu'à ce qu'on arrive à égaliser les deux bandes lumineuses que les deux lumières produisent sur un verre dépoli à travers la fente d'un écran. Le rapport du carré des distances donne l'intensité cherchée.

162. — Radiomètre de Crookes (1876).

Ce radiomètre a servi à faire des expériences de photométrie.

V.

PHARES FLOTTANTS.

163. — Modèle du phare flottant de Ruytingen, à l'échelle de 1/16.

C'est un ponton de 150 tonneaux dont le pont présente 15 mètres de long sur 6^m,50 de large, et qui est mouillé par 15 ou 20 mètres de profondeur d'eau de basse mer, à 11 mil. 1/2 au nord-ouest du phare de Dunkerque; il est retenu par deux ancres à une patte de 1,200 kilogrammes, par une chaîne d'affourche de 200 mètres et par une chaîne flottante de 100 mètres. L'appareil d'éclairage, qui se hisse le long du mât au moyen d'un treuil, se compose de 10 réflecteurs de 0^m,37 d'ouverture. Une machine de rotation placée dans l'entre-pont lui imprime un mouvement de rotation de manière à produire des éclats de 30 en 30 secondes. Ces éclats sont colorés en rouge.

164. — Lampe et réflecteur du phare flottant de Ruytingen, à l'huile de colza.

La lampe repose sur une petite chaise en fer à laquelle elle est assujettie par deux agrafes et porte son réflecteur, qui y est fixé de la même manière. Elle est disposée de telle sorte que le centre de gravité du réservoir supérieur se trouve sur la même verticale que celui du godet inférieur lorsque le réflecteur est dans sa position normale. Cette position est assurée au moyen d'un poids en plomb placé sous le godet. Afin qu'elle se maintienne dans les mouvements que peut prendre le navire, chaque réflecteur est suspendu de manière à pouvoir osciller dans toutes les directions ; la chaise qui le supporte peut tourner autour de deux axes placés dans le même plan, dont l'un est parallèle et l'autre normal à celui du réflecteur. L'amplitude du mouvement dans l'une et l'autre direction ne peut pas dépasser 60 degrés.

165. — Modèle du phare flottant de Talais, à l'échelle de 1/20.

C'est un ponton de 180 tonneaux dont le pont présente $25^m,30$ de long sur $7^m,35$ de large ; il est mouillé par 5 mètres d'eau de basse mer à l'extrémité nord-ouest du banc de Talais dans la Gironde. L'appareil se compose de dix réflecteurs de $0^m,29$ d'ouverture ; il produit un feu fixe blanc.

166. — Lampe et réflecteur du phare flottant de Talais.

Semblables, sauf les dimensions, à ceux du phare flottant de Ruytingen (164).

167. — Réflecteur anglais pour feu flottant.

Ce réflecteur porte l'inscription : *Wilkins, late Wilkins and son, 24 Longacre.* Il a $0^m,31$ d'ouverture, $0^m,044$ de distance focale ; il est accompagné d'un bec à double courant d'air dont la mèche a $0^m,018$ de diamètre moyen, et d'un réservoir avec suspension à la Cardan.

168. — Lampe et réflecteur pour feu flottant, à l'huile minérale (1878).

Cette lampe, à une mèche et à réservoir inférieur, est actuellement en usage au feu flottant de Snouw, dans la rade de Dunkerque, où elle donne de bons résultats depuis le commencement de l'hiver de 1877-1878. Le mode de suspension de la lampe et du réflecteur est le même que celui de la lampe 164.

4..

VI.

PHARES ÉLECTRIQUES.

**169. — Première machine
magnéto-électrique de la Compagnie l'Alliance,
construite par M. J. Van Malderen (1859).**

Cette machine magnéto-électrique a été imaginée par
MM. Nollet, professeur de physique à Bruxelles, et Joseph
Van Malderen, mécanicien, d'après le même principe que
les appareils de physique de Pixii et de Clarke. Elle
produit des courants alternatifs dont le sens change environ
100 fois par seconde, et comme elle était primitivement
destinée à la décomposition de l'eau ou à la galvanoplastie,
elle portait un commutateur pour redresser les courants.
Lorsqu'il fut question de l'appliquer à la production de la
lumière, M. Van Malderen, devenu l'ingénieur mécanicien
de la Compagnie *l'Alliance*, eut l'heureuse idée de sup-
primer ce commutateur, qui est d'un entretien difficile et
qui a pour effet d'affaiblir plus ou moins le courant. L'intensité lumineuse se trouva sensiblement augmentée, et on
ne tarda pas, en outre, à reconnaître que les courants
alternatifs sont, toutes choses égales d'ailleurs, plus favo-
rables que les courants redressés au bon fonctionnement
des régulateurs. La machine qui est conservée au Dépôt
des phares est la première qui ait été construite dans ce
système par M. Van Malderen; elle a été acquise par

l'Administration des travaux publics en 1860, moyennant le prix de 12,000 francs. Elle est à 6 disques de chacun 16 bobines et porte 56 aimants en fer à cheval ; elle a 1^m,63 de hauteur, 1^m,43 de diamètre et 1 mètre de long. Elle a servi à toutes les expériences qui ont été faites au Dépôt sur la lumière électrique. On peut considérer ce premier exemplaire des machines de la Compagnie *l'Alliance* comme étant le point de départ de toutes les tentatives qui ont été faites depuis pour transformer industriellement la force en électricité et par suite en lumière ; à ce titre il mérite d'être conservé dans le Musée.

La machine magnéto-électrique de *l'Alliance* se compose d'un certain nombre d'aimants fixes, entre les pôles desquels on fait tourner rapidement des bobines d'induction. Un bâti en fonte supporte un arbre horizontal sur lequel sont fixés 6 disques verticaux d'environ 0^m,52 de diamètre. Chaque disque porte à sa circonférence 16 bobines, dont les axes occupent les sommets d'un polygone régulier et sont parallèles à l'axe de l'arbre. Ces bobines se correspondent exactement dans tous les disques, et l'intervalle qui les sépare d'un disque à l'autre est de 0^m,07. C'est dans cet intervalle que pénètrent les pôles d'aimants en fer à cheval composés de 6 lames d'acier juxtaposées : les pôles doivent se trouver sur le prolongement des axes des bobines opposées et exactement au milieu de leur distance. On place ainsi entre deux disques consécutifs 8 aimants, dont les 16 pôles correspondent aux 16 bobines, et l'on fait en sorte que les pôles nord et sud alternent d'une manière régulière, soit dans le sens circulaire, soit dans le sens parallèle à l'axe. Outre les 5 rangées de 8 aimants qui occupent les intervalles entre les 6 disques, on en place deux autres à l'extérieur des deux disques extrêmes mais on leur a donné ; dans les machines plus récentes que celle qui figure au Musée une épaisseur moitié moindre, parce qu'ils ne doivent agir que sur une seule rangée de bobines au lieu de deux. Tous ces aimants sont maintenus en place par des traverses en bois que porte le bâti, et de petites cales qu'on enfonce plus ou moins permettent de les amener dans la position la plus convenable. L'essentiel est que leurs extrémités soient à égale distance des deux bobines voisines, de manière que l'action exercée soit la même et qu'il n'y ait de chance de frottement avec aucune des bobines des deux disques en mouvement. La machine que nous venons de décrire est à 6 disques; elle comprend 96 bobines semblables et 56 aimants qui ont tous la même épaisseur. Il y a aussi des machines qui n'ont que 4 disques, 64 bobines et 40 aimants; d'autres qui ont 5 disques.

Pour obtenir les courants d'induction nécessaires à la production de la lumière, on emploie une machine à vapeur qui imprime à l'arbre horizontal et aux disques de bobines un mouvement de rotation de 400 tours environ par minute. On sait, depuis les découvertes de Faraday et d'Ampère, que lorsqu'une bobine se rapproche ou s'éloigne du pôle d'un aimant le fil métallique qui l'entoure est parcouru par un courant d'induction; que ce courant va dans un certain sens si la bobine s'approche d'un pôle nord ou s'éloigne d'un pôle sud, et qu'il va dans le sens contraire si la bobine se rapproche d'un pôle sud ou s'éloigne d'un pôle nord. Il est facile, d'après cela, de prévoir les effets que produira le mouvement imprimé à l'arbre de la machine magnéto-électrique. Considérons, en particulier, une bobine située entre un pôle nord à gauche et un pôle sud à droite. L'extrémité gauche de cette bobine s'éloigne d'un pôle nord et se rapproche en même temps du pôle sud suivant, tandis que son extrémité droite s'éloigne d'un pôle sud pour se rapprocher d'un pôle nord. Ces mouvements tendent à produire dans le fil de la bobine deux courants, lesquels seraient de sens contraire s'ils partaient de la même extrémité, mais qui se trouvent en définitive concorder, parce qu'ils partent, l'un du côté gauche, l'autre du côté droit de la bobine. Pendant le temps que cette bobine met à passer des deux premiers pôles aux deux suivants, le fil est donc parcouru par un courant d'induction d'un certain sens. Lorsque la bobine se trouve en face des deux nouveaux pôles, ce courant cesse ; mais dès qu'elle les a dépassés, son extrémité gauche s'éloigne d'un pôle sud en se rapprochant d'un pôle nord et sa droite s'éloigne d'un pôle nord en se rapprochant d'un pôle sud. Les mêmes phénomènes vont donc se reproduire ; seulement ce qui était à droite se trouvant à gauche et réciproquement, le courant qui va parcourir le fil sera de sens contraire au précédent. Lorsque la bobine aura dépassé la troisième rangée de pôles d'aimants, elle se trouvera dans le même cas qu'entre la première et la deuxième rangée ; le courant produit sera donc de même sens que le premier et de sens contraire à celui du deuxième, et ainsi de suite. Il en résulte que pendant une rotation complète du disque le fil de la bobine est parcouru par 16 courants successifs, dont 8 dans un sens alternent avec les 8 dirigés en sens contraire. Si le nombre de tours est de 400 par minute, il est facile de calculer que le courant changera de sens plus de 100 fois par seconde. D'ailleurs les dispositions symétriques que nous avons indiquées font que les mêmes phénomènes se passent en même temps dans les 96 bobines, et qu'on a ainsi, à chaque instant, 96 courants dirigés dans le même sens. Il s'agit maintenant de réunir tous ces courants partiels en un seul et de conduire celui-ci aux crayons de charbon qui doivent produire la lumière. A cet effet, les extrémités semblables à tous les fils qui entourent les bobines, c'est-à-dire les extrémités droites par exemple, pour les disques de rang impair et les extrémités gauches pour ceux de rang pair, sont mises en communication avec l'arbre central de la machine. Les autres extrémités des même fils communiquent avec un manchon métallique qui entoure l'arbre et en est séparé par du caoutchouc durci non conducteur de l'électricité. Ce manchon situé à l'un des bouts de l'arbre tourne dans un palier; l'arbre lui-même tourne à l'autre bout dans un second palier, et ces deux paliers sont isolés du reste du bâti métallique par du caoutchouc durci qui s'oppose au passage du courant. Il résulte de ces dispositions que si on fixe un fil conducteur sur chacun des deux paliers, et qu'on fasse aboutir chacun d'eux à un des crayons de charbon, le courant total traversera ces charbons et donnera de la lumière entre leurs pointes, s'ils sont maintenus à une distance convenable.

170. — Un aimant de machine magnéto-électrique

Cet aimant est un spécimen de ceux qui étaient employés vers 1860 par la Compagnie *l'Alliance* dans ses machines magnéto-électriques. Chacun des aimants de la machine acquise par l'Administration devait porter 60 kilogrammes, avec une armature polie et ajustée. Les aimants qu'on emploie aujourd'hui sont plus puissants.

171. — Disque de bobines de la machine magnéto-électrique.

Ce disque ne comprend que trois bobines, dont une est complète et dont les deux autres sont inachevées pour faire comprendre les détails de la construction.

172. — Régulateur Archereau.

Ce régulateur est le premier qui ait été essayé au Dépôt des phares pour faire de la lumière électrique. Le crayon supérieur est fixe; le crayon inférieur est soulevé vers le premier par l'action d'un poids, et il en est écarté par l'action qu'exerce un solenoïde sur une partie en fer de la tige du portecrayon. Ce solenoïde est mis en activité par le passage du courant. Lorsque l'appareil est bien réglé, l'action contraire de ces deux forces doit maintenir les deux crayons à une distance convenable pour produire la lumière. Cet instrument n'a jamais fonctionné d'une manière satisfaisante.

173. — Régulateur Dubosc.

Léon Foucault avait, dès 1844, émis l'idée que, dans les lampes électriques, le rapprochement du charbon doit être régularisé par l'action du courant électrique lui-même. Ce fut également lui qui songea à tirer des dépôts de cornues à gaz les crayons de carbone nécessaires à la production de la lumière. Le régulateur dont nous nous occupons a été construit vers 1860 par M. Dubosc, d'après les idées de Foucault. Dans cet appareil, le rapprochement des charbons est produit par un ressort spirale qui agit sur les portecrayons au moyen de petites chaînes à la Vaucanson. Un système de roues d'engrenage, terminé par un volant, sert à ralentir et à régulariser ce mouvement. Un électro-aimant, mis en activité par le passage du courant, exerce une attraction sur un levier coudé dont l'extrémité supérieure arrête le mouvement du rouage, et par suite le rapprochement des charbons, lorsque le courant a une intensité suffisante, ou permet au contraire ce rapprochement lorsque l'intensité du courant diminue par suite de l'écart dés charbons dû à la combustion. Cet appareil a été construit avant qu'on n'eût cherché les moyens de produire automatiquement le recul du portecrayon. Aussi présente-t-il cet inconvénient que, pour le mettre en train, il faut d'abord amener les charbons au contact, afin de faire passer le courant, et les écarter ensuite à la main jusqu'à la distance convenable. Cet écart à la main est encore nécessaire lorsque, par une cause quelconque, les charbons arrivent au contact pendant la marche. Un autre inconvénient, c'est que l'électro-aimant n'agit que par un de ses pôles.

174. — Régulateur Foucault.

Cet appareil régulateur de la lumière électrique, donné par M. Léon Foucault, n'est qu'un perfectionnement de celui qu'il a imaginé en 1849, à une époque où l'on faisait encore mouvoir les charbons à la main. Il a été construit et amélioré par M. Dubosc à la fin de 1860. La description suivante est celle qu'a donnée M. Foucault lui-même.

Ce nouveau régulateur est caractérisé par la propriété de maintenir les charbons polaires à la distance voulue, en opérant automatiquement l'avance ou le recul, suivant que cette distance devient accidentellement ou trop petite ou trop grande.

Le principe consiste à placer les charbons sous l'action de deux rouages respectivement affectés à les faire mouvoir dans un sens ou dans l'autre. Les deux derniers mobiles, symétriquement ramenés en regard l'un de l'autre, sont mis en rapport avec une même détente d'électro-aimant qui, s'inclinant à droite ou à gauche, laisse défiler l'un ou l'autre rouage et qui, dans la position moyenne, les tient enrayés tous les deux. Mais pour faire en sorte que ces deux rouages mis en mouvement par des forces distinctes puissent agir sans conflit sur les porte-charbon en se subordonnant l'un à l'autre, on est conduit à recourir au rouage planétaire, si utile en pratique pour faire la somme ou la différence de deux mouvements indépendants. Les deux rouages sont donc reliés par un système à roue satellite, qui leur permet d'agir ensemble ou séparément dans leurs sens respectifs.

Cette combinaison, qui semble résoudre la principale difficulté, exige pourtant comme complément indispensable que l'on apporte une certaine modification à la détente placée sous l'action de l'électro-aimant.

L'armature en fer doux, disposée comme elle l'est ordinairement, se trouve, par rapport aux forces qui la sollicitent, dans un état d'équilibre instable, sollicitée à se précipiter sur l'un ou sur l'autre des arrêts qui limitent sa course, sans pouvoir jamais séjourner entre deux. Un pareil état de choses aurait amené dans l'appareil une perpétuelle oscillation par suite du fonctionnement alternatif des deux rouages.

Pour éviter cet inconvénient, l'auteur a eu recours au répartiteur de M. Robert-Houdin, par lequel on rend plus ou moins stable, à volonté, l'équilibre de l'armature. Au lieu d'agir directement sur celle-ci, le ressort antagoniste de l'attraction magnétique s'applique à l'extrémité d'une pièce articulée en un point fixe, et dont le bord façonné, suivant une courbe particulière, presse en roulant sur un prolongement de l'armature, qui représente ainsi un levier de longueur variable.

On voit alors l'armature rester flottante entre ses deux arrêts, et sa position est à chaque instant l'expression de l'intensité du courant de la pile. Tant que cette intensité conserve la valeur voulue et corrélative de la distance gardée entre les charbons polaires, les rouages sont maintenus au repos tous les deux et ils ne se mettent l'un ou l'autre en marche qu'au moment où le courant devient trop fort ou trop faible.

Comme on le voit, cette solution de la question posée diffère essentiellement de celle qui consistait à suspendre un des charbons polaires sur l'armature elle-même ; car ici la fonction du recul s'exerce avec la même amplitude que l'autre, et, loin de compromettre la fixité du point lumineux, elle assure la stabilité de la lumière produite, en rendant presque insensibles les variations de la distance interpolaire.

La solution à laquelle M. Foucault fait ici allusion, et qui consiste à suspendre un des charbons polaires à l'armature, est celle qu'a adoptée M. V. Serrin.

175. — Régulateur Foucault.

Ce régulateur ne diffère du précédent qu'en ce que le pied a été allongé, de telle sorte qu'il puisse fonctionner dans les appareils adoptés pour les phares électriques.

176. — Régulateur Serrin, petit modèle.

Le régulateur imaginé par M. V. Serrin a fonctionné dès 1859, devant la Société d'encouragement et a été en 1862, l'objet d'un rapport favorable de M. Pouillet à l'Académie des sciences. Les deux exemplaires qui se trouvent au Musée sous les numéros 176 et 177 ont été acquis par l'Administration à peu près à la même époque que la machine de *l'Alliance*, c'est-à-dire en 1860, et ont servi aux nombreuses expériences qui ont été faites au Dépôt ; mais ils n'ont pas été employés dans les phares. Un modèle plus grand et plus fort a été construit exprès pour les phares de la Hève et de Gris-Nez. C'est à propos de ce modèle portant le n° 178, que nous donnerons la description du système imaginé par M. Serrin. Le régulateur n° 176 est le premier qui ait été construit par M. Bréguet d'après le type d'essai imaginé par M. Serrin.

177. — Régulateur Serrin, petit modèle.

Il est semblable au précédent, sauf la forme de la boîte.

178. — Régulateur Serrin, modèle pour les phares.

C'est le type des régulateurs qui sont employés dans les phares de la Hève et de Gris-Nez, et qui ont été construits par M. Serrin spécialement pour cet usage.

Dans le régulateur Serrin les deux crayons sont tenus verticalement l'un au-dessus de l'autre par deux tiges armées de porte crayons, l'une sur laquelle le charbon inférieur se fixe par le bas, l'autre beaucoup plus longue qui se recourbe à sa partie supérieure et vient saisir par le haut le second charbon. Ces deux tiges cylindriques sont mobiles verticalement dans des gaînes, et leurs mouvements sont rendus solidaires l'un de l'autre au moyen de chaînes et de poulies, de sorte que la grande tige descendant en vertu de son poids fait remonter la petite tige. Le but de cette disposition est de faire avancer l'un vers l'autre les deux charbons à mesure qu'ils brûlent et de conserver en même temps le point lumineux à une hauteur constante. Si les deux charbons brûlaient également vite, il suffirait d'une seule chaîne passant sur une poulie et fixée par ses deux bouts aux extrémités inférieures des tiges; mais l'expérience a fait reconnaître que, malgré la symétrie parfaite des phénomèmes électriques, le charbon inférieur s'use un peu plus rapidement que l'autre. Cette idifférence est évidemment due au courant d'air que la chaleur fait monter le long du charbon : cet air possède sa quantité normale d'oxygène lorsqu'il passe le long du charbon inférieur, mais la combustion de ce charbon lui en enlève une partie, et il en contient une moindre proportion lorsqu'il arrive au charbon supérieur, dont la combustion est, par suite, moins active. On a constaté que l'usure du charbon inférieur dépasse de 8 p. o/o celle du charbon supérieur. Il faut donc que la petite tige monte un peu plus vite que la grande ne descend. On y parvient en employant deux chaînes qui, partant des extrémités de ces tiges, viennent s'enrouler en sens contraire sur les deux gorges d'une même poulie dont les rayons sont dans le rapport de 108 à 100. Le mouvement de cette poulie se transmet par une série de rouages à une dernière roue dont l'axe porte des ailettes servant de volant, et qui en même temps joue un autre rôle bien plus important, en arrêtant, lorsque cela est nécessaire, la rotation de la poulie et par suite le rapprochement des charbons, comme nous l'indiquerons.

Si le mécanisme du régulateur se bornait à ce que nous venons de dire, les charbons seraient toujours en contact et ne donneraient pas de lumière; mais une disposition particulière est destinée à produire l'écart des deux pointes. La gaîne dans laquelle glisse la petite tige, au lieu d'être fixe, est portée par un parallélogramme articulé à ses sommets et pouvant osciller entre certaines limites. Cette pièce est soumise à l'action de deux forces antagonistes : d'une part, un ressort à boudin tend à la relever; de l'autre, un électro-aimant dans lequel passe le courant électrique tend à l'abaisser en agissant par attraction sur un morceau de fer doux. C'est l'emploi de cet électro-aimant qui est une application de l'idée de Léon Foucault. Supposons les deux charbons en contact et faisons passer le courant : l'électro-aimant, entrant en action, fait descendre le parallélogramme articulé, lequel entraîne la gaîne de la petite tige et abaisse le charbon inférieur à une distance convenable du charbon supérieur, soit à 2 ou 3 millimètres environ. Mais le poids de la grande tige pourrait alors agir pour rapprocher ses charbons, si un obstacle ne venait s'opposer à la rotation de la poulie sur laquelle s'enroulent les chaînes de communication. Cet obstacle consiste en une petite barre d'arrêt portée par le parallélogramme oscillant, et qui dans sa position inférieure vient buter contre les dents de la dernière roue dont nous avons parlé. La poulie, liée par une série d'engrenages à cette dernière roue, ne peut plus tourner, les charbons ne se rapprochent pas et la lumière continue à briller. Mais les charbons se consument, et à mesure que leur distance augmente, la résistance que le courant éprouve en passant d'une pointe à l'autre augmente aussi, et l'intensité de ce courant diminue. L'électro-aimant qu'il met en action perd également de sa force, et ne peut plus lutter contre le ressort qui tend à soulever le parallélogramme ; celui-ci remonte donc un peu et entraîne la petite barre d'arrêt, qui cesse de s'opposer à la rotation des rouages, de sorte que les deux tiges entrent en mouvement et rapprochent les charbons. Mais à mesure que la distance de leurs pointes diminue, le courant augmente d'intensité ; l'électro-aimant devient plus puissant ; il l'emporte sur le ressort, attire en bas le parallélogramme et ramène le petit arrêt dans la position qui rend impossible le mouvement des rouages. La même série de phénomènes recommence ensuite, de sorte que les charbons, après s'être écartés lentement par l'effet de leur combustion, se rapprochent jusqu'à la distance convenable, pour s'écarter encore et se rapprocher ensuite. Lorsque la machine est bien réglée, ces rapprochements s'opèrent très-fréquemment et sont extrêmement petits, de sorte que, en réalité, les charbons semblent à peu près immobiles à la distance voulue.

Plusieurs dispositions de détail assurent la marche et facilitent l'emploi de ce régulateur. Ainsi le ressort à boudin qui agit |en| sens contraire de l'électro-aimant doit être d'autant plus tendu que le courant est plus énergique ; un bouton à vis agissant sur un levier coudé permet de régler sa tension au degré convenable. Lorsque, par suite d'un accident ou d'une irrégularité dans la combustion des charbons, le point lumineux a cessé d'occuper la position qui lui est assignée, on peut l'y ramener sans produire d'extinction ; il suffit de tourner un bouton à vis, qui, par l'intermédiaire d'un levier, soulève ou abaisse deux poulies de renvoi sur lesquelles passent les chaines des tiges ; les deux charbons se déplacent en même temps sans qu'il y ait interruption dans la marche du mécanisme. Nous ne ferons que mentionner une pièce mobile autour de la grande tige, qui, lorsqu'on place les charbons dans les portecrayons, indique la hauteur exacte à laquelle il faut les fixer ; deux boutons placés en haut de la grande tige, au moyen desquels on peut imprimer au charbon supérieur deux mouvements rectangulaires et l'amener exactement dans l'axe de celui du bas ; une roue à rochet placée sur l'axe de la première roue d'engrenage, qui permet de relever la grande tige pour mettre de nouveaux charbons, sans que les différentes roues de cet engrenage suivent le mouvement de rotation de la poulie ; une pièce d'arrêt qui empêche les portecrayons de se rapprocher à plus de 6 centimètres l'un de l'autre et d'être brûlés par la partie incandescente des charbons ; une petite chaîne dont la position variable compense la différence de poids des deux charbons résultant de leur combustion inégale ; enfin l'arrêt mobile appliqué à la petite tige et permettant de maintenir le parallélogramme oscillant dans la position inférieure qui détermine l'arrêt du mouvement de l'engrenage et des charbons. Tout le mécanisme de ce régulateur est renfermé dans une boîte en cuivre, au dehors de laquelle sortent seulement les deux tiges portant les charbons et les différents boutons de réglage.

Les crayons de charbon qu'on place dans ce régulateur proviennent des dépôts des cornues à gaz. On leur donne une section carrée de 8 ou 11 millimètres, suivant que le courant est produit par une ou par deux machines à 6 disques. Leur longueur est de $0^m,25$. La consommation des charbons est de 9 à 10 centimètres par heure, non compris les déchets. Ces crayons de cornue sont aujourd'hui remplacés par des crayons de forme cylindrique, fabriqués au moyen de pâtes qu'on passe à la filière et qu'on dessèche lentement. La lumière qui se produit à la pointe des crayons est due aux molécules de carbone qui sont projetées du pôle positif au pôle négatif, et qui, par leur ensemble, forment ce qu'on appelle l'arc voltaïque ; cet arc se déplace constamment, suivant la forme que prennent les charbons en brûlant, et surtout selon la conductibilité variable des différents points de la surface : il en résulte que l'arc lumineux se trouve tantôt en avant des pointes par rapport à l'observateur, et tantôt en arrière, de sorte que la lumière présente des variations brusques d'intensité. Les charbons artificiels qu'on fabrique maintenant, ceux de M. Carré par exemple, diminuent cet inconvénient sans le faire disparaître. Ces variations rendent très-difficile l'évaluation photométrique de l'intensité. On a fixé approximativement à 200 becs de Carcel celle que produit une des machines magnéto-électriques employées dans les phares. Les nouvelles machines construites récemment par

M. Van Malderen donnent une intensité plus grande, qui peut aller à 250 et même 300 becs.

179. — Petit réflecteur pour régulateur Serrin.

Ce réflecteur, de 0^m,23 d'ouverture et 0^m,04 de distance focale, est destiné à être placé sur le régulateur Serrin n° 176, de manière à projeter la lumière dans une direction déterminée. Il a servi dans quelques expériences.

180. — Appareil optique pour feu électrique scintillant (1866).

Il est placé dans la salle du Dépôt consacrée aux expériences, et dans le voisinage de la petite pièce qui contient la première machine magnéto-électrique de M. Joseph Van Malderen. Il a figuré à l'Exposition universelle de 1867, à Paris, et a ensuite servi à faire, au Dépôt, des expériences sur la lumière électrique. Il se compose d'un appareil à feu fixe de 0^m,30 de diamètre qu'enveloppe un tambour formé de 18 lentilles verticales embrassant chacune un angle de 20 degrés et ayant une divergence horizontale de 6 degrés 2/3. Le tambour peut tourner sur un chariot à galets placé à la partie supérieure et soutenu par des montants en fer. Une machine de rotation, située dans le socle, fait faire à ce tambour un tour entier en 36 secondes ; les éclats se succèdent de deux en deux secondes, et leur durée est la moitié de celle des éclipses. Le plateau destiné à porter les lampes présente deux lignes de rails se coupant à angle aigu. En faisant glisser une lampe Serrin sur une de ces lignes de rails, on la conduit jusque dans l'axe de l'appareil ; sa base presse alors sur un ressort en bronze en forme de peigne ; le courant électrique passe par ce contact et les charbons s'allument au foyer de l'appareil. Lorsque les charbons sont consumés, c'est-à-dire au bout de 3 heures 1/2 environ, on retire la lampe et on la remplace par celle qui se trouve toute préparée sur la seconde ligne de rails ; cette lampe s'allume instantanément en arrivant au foyer, et la lumière ne reste éteinte que très-peu de temps..

Cet appareil et le suivant ont été construits par MM. L. Sautter et Cie.

181. — Appareil optique pour phare électrique à éclipses de 30 en 30 secondes (1868).

Il se compose d'un feu fixe de 0ᵐ,30 de diamètre qu'enveloppe un tambour formé de 8 lentilles à éléments verticaux embrassant chacune un angle de 45 degrés. Il a été utilisé dans le phare de Gris-Nez. Comme le cap Gris-Nez sur lequel est situé ce phare n'est rapproché d'aucun centre important de population, on a pu craindre, en y introduisant l'éclairage électrique, de s'exposer à des accidents qu'il serait difficile de réparer immédiatement : on a donc, par prudence, adopté une solution qui consiste à conserver l'ancien appareil éclairé à l'huile et à installer l'appareil électrique sur la plate-forme extérieure ; le soubassement de la lanterne est percé d'une ouverture, de manière que le service puisse se faire de l'intérieur. L'ancienne machine de rotation sert à faire tourner le nouvel appareil au moyen d'une tige de renvoi. L'appareil qui est au Musée a éclairé le phare de Gris-Nez jusqu'en 1877 ; on l'a remplacé à cette époque par un autre appareil semblable, mais de 0ᵐ,50 de diamètre intérieur au lieu de 0ᵐ,30, afin de donner au feu plus d'intensité.

182. — Tambour de lentilles verticales de l'appareil de Gris-Nez.

Lorsque, au commencement de 1869, on introduisit l'éclairage électrique dans le phare de Gris-Nez, on se servit de l'appareil optique n° 181, mais avec le tambour n° 182, qui laissait à découvert les trois anneaux inférieurs de la partie fixe. On avait pour but de laisser apercevoir pendant les éclipses un feu fixe de faible intensité, comme cela se fait dans les autres feux à éclipses. Mais ce système donna lieu à des confusions, et, à la fin de la même année, on remplaça le tambour n° 182 par celui qui figure dans l'appareil n° 181 et qui, couvrant le feu fixe dans toute sa hauteur, donne des éclipses complètes.

183. — Appareil optique de 0^m,50 de diamètre pour feu électrique scintillant rouge et blanc.

Il se compose d'un appareil de feu fixe de 0^m,50 de diamètre, éclairant 5/6 de l'horizon et entouré d'un tambour mobile de lentilles verticales. Ce tambour comprend 6 groupes de 3 lentilles, dont une rouge et deux blanches. Les lentilles destinées à produire les éclats rouges embrassent 36 degrés, celles qui donnent les éclats blancs n'en occupent que 10. Des expériences spéciales ont en effet démontré que le rapport des intensités devait être au moins égal à 3 pour donner, avec le verre rouge adopté dans cet appareil, la même portée aux éclats rouges qu'aux éclats blancs. Afin de conserver entre ces différents éclats des intervalles égaux malgré l'inégalité de largeur des lentilles, on a coupé les lentilles blanches de manière que leur axe optique est à 2 degrés seulement du bord voisin de la lentille rouge et à 10 degrés du bord contigu à l'autre lentille blanche; cet axe se trouve ainsi à 20 degrés de celui de la lentille rouge et à 20 degrés également de celui de l'autre lentille blanche, de sorte que, en faisant tourner l'appareil en 90 secondes, les 18 éclats se succèdent à des intervalles égaux de 5 secondes. On conduit la lampe électrique au foyer en la faisant glisser sur deux rails ; dès qu'elle est en place, sa base appuie sur un peigne en cuivre, le courant passe dans la lampe et les charbons s'allument. Lorsque les charbons sont consumés, on retire la lampe et on en introduit une autre en la faisant glisser sur une seconde ligne de rails qui coupe la première sous un angle aigu. Cette seconde lampe s'allume immédiatement, de sorte qu'il n'y a dans l'illumination du phare qu'une très-courte interruption. Les lentilles du tambour sont calculées de manière à donner une divergence horizontale de 4 degrés, et par suite une durée d'une seconde à chaque éclat. L'appareil de feu fixe donne une intensité égale à 40 fois environ celle de la lumière électrique placée au foyer ; les lentilles verticales blanches augmentent cette intensité dans le rapport de 3,6 à 1, de sorte que les éclats valent environ 144 fois la lumière centrale ; si cette lumière est, par exemple, de 500 becs, l'éclat vaudra 72,000 becs.

Cet appareil, construit par MM. L. Sautter, Lemonnier et Cie, figure à l'exposition universelle de 1878, dans la tour du pavillon du ministère des travaux publics, au Champ-de-Mars.

184 à 190. — Sept dessins encadrés représentant les phares électriques de la Hève.

184. — Plan d'ensemble des deux phares de la Hève.

185. — Élévation de l'un des phares de la Hève.

186. — Chambre de service.

187. — Salle des machines.

188. — Machine magnéto-électrique de l'Alliance.

189. — Régulateur de M. Serrin.

190. — Commutateur.

Après avoir été l'objet d'expériences poursuivies pendant trois années, à Paris, par les ingénieurs du service central des phares, la lumière électrique a été appliquée en 1863, et à titre d'essai, à l'un des phares à feu fixe qui signalent le cap de la Hève, près du Havre. Les résultats obtenus ont été satisfaisants : le phare électrique s'est montré plus brillant que l'autre dans toutes les circonstances atmosphériques, et les accidents ont été rares, de courte durée et de telle nature qu'on pouvait se promettre d'en prévenir le retour. L'Administration des travaux publics a décidé, en conséquence, que les deux phares seraient éclairés suivant le nouveau système, et cette mesure a été mise à exécution à partir du 2 novembre 1865.

Les machines magnéto-électriques et les machines à vapeur qui les mettent en mouvement sont installées dans deux salles disposées, à cet effet, au centre du bâtiment servant de logement aux gardiens.

Les machines à vapeur, au nombre de deux, sont du genre locomobile, de la force de six chevaux, timbrées à six atmosphères; elles mettent en mouvement les machines électro-magnétiques au moyen de courroies sans fin et d'un arbre intermédiaire.

Les machines magnéto-électriques ont été fournies par la Compagnie *l'Alliance* et construites par M. Joseph Van Malderen. Elles sont au nombre de quatre, et on les a groupées deux à deux, de manière à permettre de faire lumière double par les temps brumeux. Dans les conditions ordinaires une seule machine à vapeur est en feu, et elle conduit une machine magnéto-électrique de chaque groupe. Quand on veut doubler l'intensité lumineuse, les deux machines à vapeur fonctionnent, et chacune d'elles conduit les deux machines magnéto-électriques destinées à l'un des phares; à cet effet, l'arbre de transmission intermédiaire est composé de deux parties que l'on désembraye alors, et les deux machines magnéto-électriques du même groupe sont embrayées l'une avec l'autre. Suivant que l'une ou l'autre des machines magnéto-électriques affectées à l'un des phares ou que toutes deux marchent, il y aurait lieu de changer les points d'attaches des fils conducteurs; pour remédier à cet inconvénient et éviter les erreurs qui pourraient en résulter, M. Van Malderen, ingénieur mécanicien de la Compagnie *l'Alliance*, a imaginé un commutateur auquel sont fixés à demeure les fils venant des machines magnéto-électriques et le câble conducteur allant au phare. Il suffit alors de tourner ce commutateur et d'en fixer les branches dans la position convenable pour que les courants passent ainsi qu'ils le doivent, et aucune erreur n'est possible, car les branches du commutateur sont fixées, dans les diverses positions qu'elles doivent occuper, au moyen d'une petite fiche qui est placée au-dessous du numéro de la machine magnéto-électrique en mouvement si l'on fait lumière simple, ou qui maintient les deux branches du commutateur verticales si l'on fait lumière double.

Le câble conducteur se rend dans les phares par un conduit souterrain, puis il s'engage dans la cage de l'escalier pour arriver à la lanterne.

La lanterne de chacun des phares est établie en saillie sur l'un des petits côtés d'une chambre de forme octogonale qui a été substituée à la lanterne de premier ordre qui couronnait autrefois l'édifice. Cette chambre et sa lanterne sont divisées en deux parties sur leur hauteur, et l'on a pu ainsi superposer deux appareils d'éclairage, afin qu'on n'ait pas à craindre une extinction de quelque durée dans le cas où l'un d'eux éprouverait une avarie.

Les appareils d'éclairage sont catadioptriques, de o^m,3o de diamètre ; ils éclairent les trois quarts de l'horizon.

Il y a deux régulateurs Serrin par appareil ; ils sont supportés par des rails qui permettent de les mettre rapidement à la place qu'ils doivent occuper et où ils saisissent immédiatement le courant.

Une petite lentille, placée dans l'angle mort de l'appareil, renvoie contre la paroi opposée de la chambre une image amplifiée de la lumière, qui permet au gardien de juger sans fatigue s'il s'est produit, malgré le régulateur, une déviation appréciable dans la hauteur du foyer lumineux. Le régulateur est disposé de manière qu'il est facile de remédier au mal sans interrompre l'éclairage.

Ainsi que dans la salle des machines magnéto-électriques, on a voulu éviter les erreurs auxquelles pourrait donner lieu un déplacement obligé des fils de transmission, et l'on a disposé dans la chambre de la lanterne un commutateur qui, par un mouvement de bas en haut ou par un mouvement inverse de haut en bas, permet de faire passer immédiatement la lumière d'un étage du phare à l'autre.

Un système de sonnerie électrique avec cadrans indicateurs a été installé entre les phares, la salle des machines et les logements des gardiens, afin de faciliter le service.

Les eaux de pluie recueillies sur les toitures ou les cours asphaltées se rendent dans des citernes d'une contenance totale de 175,000 litres ; elles servent aux usages journaliers des gardiens et à l'alimentation des machines à vapeur ; dans cette dernière circonstance, elles sont montées dans une bâche au moyen d'une pompe mise en mouvement par les machines.

L'intensité lumineuse des phares de la Hève était évaluée à 630 becs de Carcel quand ils étaient éclairés à l'huile ; elle s'élève aujourd'hui à 5,000 becs quand une seule machine magnéto-électrique est en mouvement pour chacun d'eux.

191. — Dessin encadré représentant le phare électrique de Gris-Nez.

Les dispositions adoptées pour introduire l'éclairage électrique dans le phare de Gris-Nez ont eu pour but de conserver l'ancien appareil à l'huile et sa lanterne. Le nouvel appareil optique destiné à recevoir la lumière électrique a été installé sur la plate-forme extérieure, dans la hauteur du soubassement de la lanterne. Ce soubassement est percé d'une ouverture de manière que le service puisse se faire de l'intérieur. L'appareil optique est semblable à celui qui est exposé dans le Musée sous le n° 178 ; la rotation du tambour est produite, au moyen d'un arbre de communication, par la machine de l'ancien appareil. La lumière est obtenue, comme aux phares de la Hève, au moyen de machines magnéto-électriques de *l'Alliance* et de régulateurs Serrin. En cas d'accident survenu à l'un de ces organes, on peut dans un très-bref délai rétablir la lumière à l'huile dans l'ancien appareil.

192. — Bobine de Ruhmkorff.

Elle a servi à des expériences sur la portée lumineuse de l'étincelle électrique.

193. — Tubes de Geissler.

On a fait quelques expériences sur la portée de la lumière produite par ces tubes.

194. — Lampe pour lumière au magnésium.

Cette lampe a servi à des expériences sur la lumière au

magnésium. Le fil métallique est allumé au foyer d'un petit réflecteur; un mouvement d'horlogerie le fait avancer à mesure qu'il brûle.

195. — Boussole.

Cette boussole a servi à mesurer l'intensité des aimants de la machine magnéto-électrique de *l'Alliance*.

VII.

TOURS ET ÉDIFICES.

**196. — Modèle en relief du rocher et du phare
des Triagoz.**

Ce phare, de troisième ordre, est destiné à signaler l'é-
cueil des Triagoz, situé sur les côtes de Bretagne, à l'est
des Sept-Îles. Le rocher est isolé en mer et s'élève d'environ 8 mètres au-dessus des plus hautes marées. L'édifice
consiste en une tour carrée avec cage d'escalier en saillie
sur l'une de ses faces. Au niveau du sol est un vestibule
accompagné d'un magasin de chaque côté et conduisant à
l'escalier. Trois chambres, dont une réservée pour les ingénieurs, s'élèvent au-dessus du rez-de-chaussée ; elles sont
voûtées en arc-de-cloître et sont munies de cheminées.
Au sommet de la tour est la chambre de service, qui sert
en même temps de magasin pour les objets redoutant les
atteintes de l'humidité, et d'où part l'escalier en fonte qui
aboutit dans la chambre de la lanterne.

Une plate-forme épousant la forme du rocher entoure
l'édifice ; on y accède au moyen de rampes d'escalier qui
se développent sur le flanc de la roche et ont leur point de
départ du côté où l'accostage est le plus facile. Sous sa
partie antérieure sont ménagés des magasins pour dépôt
de bois et autres matières, et un petit réduit, établi à son
extrémité, vient ajouter encore au phare d'utiles dépen-
dances.

Le plateau des Triagoz est très-étendu : il a près de
4 milles de longueur, de l'est à l'ouest, sur environ 1 mille
de largeur ; mais on n'en voit émerger que des têtes isolées,
même par les plus basses mers. Le rocher choisi pour recevoir la construction est la pointe la plus élevée du côté
sud, et limite, par conséquent, vers le nord le chenal que
suit la navigation côtière. Il présente au midi une paroi
presque verticale, et il se prolonge, en s'abaissant à l'op-
posé, de manière à former à mer basse une petite crique
ouverte à l'est. C'est par là, et pendant trois à quatre heures
de mer basse, qu'il est le plus accessible. La profondeur
d'eau, qui est de 20 mètres dans les plus basses mers, au
pied du rocher du côté du sud, augmente rapidement
à mesure qu'on s'éloigne ; le fond est de roche et les courants de marée sont d'une telle violence sur ce point qu'on
a dû renoncer à l'espoir qui avait été conçu d'y maintenir
un navire au mouillage pendant la belle saison pour servir
au logement des ouvriers.

On a donc dû installer une cabane dans la partie répon-
dant au vide de la tour immédiatement après avoir dérasé
le sommet de la roche. Elle entourait un mât vertical placé
au centre de la construction et armé d'une corne à sa
partie supérieure pour le montage des pierres. Le débar-
quement des matériaux s'opérait au moyen de mâts de
charge semblables, installés sur le rocher, l'un à l'entrée
de la petite crique du nord, l'autre sur l'extrémité sud-
est de la roche. Il s'opérait avec promptitude toutes les fois
que l'état de la mer permettait l'accostage.

La construction est exécutée en moellons avec chaînes,
socles, encadrements et corniche en pierres de taille de
granit. Les parements de ces pierres présentent de vigou-
reux bossages rustiqués. Les moellons de parements entre
les angles en pierres de taille sont en granit rouge de

Ploumanac'h. La pierre de taille provient de l'île Grande; elle est d'un gris bleuâtre et d'un grain fin. Ce contraste de couleurs fait ressortir vigoureusement les lignes de la construction que bien peu de personnes sont appelées à voir de près.

Les travaux ont été commencés en 1861 et terminés en 1864. Ils ont présenté de sérieuses difficultés, surtout dans la première campagne, où, chaque jour, l'atelier a dû être ramené du chantier à terre, à 21 kilomètres de distance.

La violence de la mer est telle que, depuis l'achèvement de l'édifice, les lames ont plusieurs fois couvert en grand toute la plate-forme inférieure et projeté l'embrun jusqu'à la hauteur de la plate-forme supérieure; néanmoins, la construction a pu être terminée sans accident, et sans qu'aucun des ouvriers ait été blessé.

La dépense totale s'est élevée à 300,000 francs environ.

197 et 198. — Modèles de la tour du phare de la Banche.

197. — Élévation.

198. — Coupe verticale.

Le phare de la Banche, commencé en 1861 et allumé le 15 août 1865, est situé à l'ouest-sud-ouest de l'embouchure de la Loire, à 9,500 mètres de la terre la plus voisine, à 13 kilomètres du Pouliguen et à 24 kilomètres de Saint-Nazaire, les seuls ports où l'on pût préparer et embarquer les matériaux,

La tour, de 26^m,50 de hauteur, renferme une cave, un vestibule, une cuisine, deux chambres de gardien et la chambre de service. Le seuil de la porte d'entrée du vestibule n'est qu'à deux mètres au-dessus des plus hautes mers; mais comme cette porte est placée au nord, à l'abri des lames du large, elle n'est que très-rarement atteinte par la mer, et jamais de manière à inspirer des inquiétudes. Il a seulement fallu se réserver la possibilité de protéger la fenêtre qui lui fait face; pour cela, on a eu recours à un volet logé dans une feuillure et formé d'une planche de cuivre épaisse montée sur un cadre en bronze, qui épouse la double courbure du parement du soubassement.

Tous les escaliers sont en fonte, avec limons en tôle. On a substitué aux voûtes en pierres de taille, ou en briques, qui séparent d'ordinaire les étages, des planchers formés de poutres en tôle et cornières dont les vides sont remplis de maçonneries de briques. On a cherché non-seulement à obtenir ainsi un volume d'air plus considérable dans les chambres, mais encore à contribuer à la consolidation de la partie creuse de la tour, maintenue d'ailleurs par trois ceintures en fer de $0^m,05$ d'épaisseur sur $0^m,07$ de hauteur noyées dans la maçonnerie à différents niveaux.

L'appareil optique donne un feu fixe rouge. Les dépenses de la tour se sont élevées à 351,000 francs; l'appareil a coûté 23,300 francs.

199. — Modèle de la tour en fer pour le phare de la Nouvelle-Calédonie.

Le phare que représente ce modèle a été installé en 1865 sur l'îlot Amédé, à 13 milles de Nouméa, dans la Nouvelle-Calédonie. Il est entièrement exécuté en fer et fonte. Un escalier en fonte, avec limons en tôle, occupe le centre de l'édifice; les magasins et les logements de gardien, sont distribués au pied de la construction et sont surmontés de deux galeries intérieures où pourraient être recueillis des naufragés, et où coucheront les ouvriers que des circonstances exceptionnelles pourront appeler à passer quelques jours dans le phare.

Les couvre-joints sont exécutés en fer plat de $0^m,011$ d'épaisseur. La tour a 45 mètres de hauteur depuis le niveau du sol jusqu'à la plate-forme de couronnement, et le foyer de l'appareil à feu fixe qu'elle supporte domine de 50 mètres le niveau des plus hautes mers. La construction métallique pèse environ 340,000 kilogrammes. Les dépenses se sont élevées, y compris montage et démontage à Paris, à 229,000 francs.

On ne pouvait songer à élever une construction en maçonnerie sur un îlot désert, dans une colonie dépourvue de ressources, et l'installation de la tour métallique a même présenté d'assez grandes difficultés ; mais elles ont été très-habilement surmontées par M. Bertin, conducteur des ponts et chaussées, chargé de la direction du travail. Le nouveau feu, qui rend les plus grands services à la navigation, a été allumé pour la première fois le 15 novembre 1865.

200. — Modèle d'une tourelle en fer pour feu de port.

Cette tourelle est disposée de manière que l'on puisse facilement la transporter et la monter sur place. Une enveloppe cylindrique en tôle rivetée, de $6^m,40$ de longueur sur $1^m,40$ de diamètre, et un escalier intérieur composé de marches en tôle striée, forment un tout qui ne se démonte pas et peut être transporté d'une seule pièce ; des nervures verticales en fonte un peu plus larges en bas qu'en haut sont boulonnées le long du cylindre ; elles servent à consolider la tourelle et lui donnent en même temps un aspect plus satisfaisant. L'ensemble de la construction repose sur une plaque de fonte que l'on fixe sur la jetée par des scellements ou des boulons, suivant que cette jetée est en maçonnerie ou en charpente.

Des consoles en fonte, placées au-dessus de chaque nervure verticale, supportent une galerie extérieure en fonte à jour avec balustrade en fer forgé. L'appareil d'éclairage est placé sur un candélabre au-dessus du noyau de l'escalier, et une murette en tôle, formant le prolongement de l'enveloppe cylindrique, supporte la lanterne vitrée. La tourelle proprement dite pèse 6,500 kilogrammes.

201. — Modèle d'une cabane en fer avec candélabre, pour feu de port.

Cette cabane a 1^m,80 de long sur 1^m,20 de large. Elle porte à l'extérieur, sur une des petites faces, un candélabre composé de deux montants verticaux en fer au sommet desquels se fixe une poulie en fonte. Deux tringles directrices s'élèvent à l'extérieur parallèlement aux montants; elles sont tenues en haut par deux bras fixés aux montants, et en bas par une table en tôle qui règne à l'intérieur de la cabane et fait saillie à l'extérieur à travers une fenêtre. L'appareil d'éclairage est placé sur la partie intérieure de cette table pendant le jour, et le soir, lorsqu'il est allumé, on peut le faire rouler à l'extérieur; il est pourvu d'oreilles dans lesquelles s'engagent les tringles directrices. Au-dessus de la fenêtre se trouve un petit treuil, lequel, avec l'aide de la poulie du haut, sert à hisser l'appareil jusqu'au sommet des montants. On peut alors fermer les volets de la fenêtre, et l'intérieur de la cabane est à l'abri de la pluie. Cette construction en tôle pèse environ 1,000 kilogrammes.

202 et 203. — Deux dessins encadrés représentant le phare du cap Spartel.

202. — Vue générale du phare du cap Spartel.

203. — Plan, coupe et élévation.

Le cap Spartel est situé sur les côtes du Maroc, au sud
de l'entrée du détroit de Gibraltar. Dans le but de prévenir
les naufrages qui ont fréquemment lieu sur cette partie de
la côte, le consul français de Tanger proposa, en 1852, d'y
construire un phare par le concours des puissances euro-
péennes intéressées dans la question. Ce projet n'avait pas
encore reçu de solution, lorsqu'en 1860 une frégate
montée par les élèves de l'école de marine du Brésil
vint se briser près du cap Spartel. Ce naufrage, qui entraîna
la mort de deux cent cinquante hommes, rappela l'attention
sur le projet de phare. L'empereur du Maroc consentit à
le faire exécuter à ses frais, sous la condition que la France
chargerait un de ses ingénieurs de la direction des travaux.
Cette mission fut confiée à M. Jacquet, conducteur attaché
au service des phares. L'emplacement qui fut adopté pour
l'établissement du phare est un petit plateau s'élevant à
70 mètres à pic du côté de la mer, à 500 mètres environ
dans le nord-est de la pointe du cap, d'où l'on découvre
un horizon étendu et où on n'a pas à craindre les brumes
intenses qui couronnent parfois le sommet de la montagne.

Ce point offrait quelques ressources en matériaux de
construction, mais les ouvriers habiles faisaient complètement défaut. Il fallut envoyer de France un appareilleur,
un tailleur de pierres et deux autres ouvriers. Les travaux,
commencés à la fin de 1861, furent terminés en 1864, et
un feu fixe de premier ordre était allumé au sommet de la
tour le 15 octobre de la même année. L'édifice, que représentent les deux dessins, consiste en une tour carrée au
dehors, circulaire au dedans, située sur un des côtés d'une
cour entourée de portiques sur lesquels sont ouverts et
éclairés les logements et magasins. Ces pièces sont voûtées
et couvertes en terrasse. Elles ne sont percées au dehors
que de très-étroites ouvertures, de sorte que, la porte

étant fermée, les gardiens sont à l'abri des surprises nocturnes. Les dépenses se sont élevées à 322,000 francs, dont 256,000 au compte du Maroc, et 66,000 au compte de la France.

Afin d'assurer la régularité de l'entretien du phare, une convention a été passée entre le Maroc, d'une part, et les représentants des dix puissances suivantes : la France, l'Angleterre, l'Espagne, l'Italie, l'Autriche, la Belgique, la Hollande, le Portugal, la Suède et les États-Unis d'Amérique. L'Allemagne a été récemment admise à concourir à cette œuvre. Ces puissances contribuent aux dépenses chacune pour 1,500 francs par an, et leurs représentants à Tanger, réunis en commission, statuent sur toutes les mesures à prendre dans l'intérêt du service. Les gardiens du phare sont Européens; ils ont une garde marocaine, qui est composée de quatre hommes et d'un caïd, et qui est à la solde de la commission consulaire.

VIII.

BALISAGE.

---

204. — Modèle de la balise d'Antioche, en fer.

Cette balise est établie sur le rocher d'Antioche, écueil très-dangereux situé entre les îles de Ré et d'Oleron, à un mille environ au nord-nord-est de la pointe de Chassiron. Elle consiste en quatre montants en fer rond de $0^m,14$ de diamètre, dirigés suivant les arêtes d'un tronc de pyramide quadrangulaire, et reliés solidement entre eux ainsi qu'à un pieu central en fer rond de $0^m,10$ de diamètre. Les montants formant les angles de la pyramide sont espacés de $4^m,86$ d'axe en axe à la partie inférieure, et de $2^m,50$ à la partie supérieure, qui se trouve à 7 mètres au-dessus du rocher. Cet ensemble, qui constitue la base de la balise, est surmonté d'une construction du même genre, de forme carrée, ayant 3 mètres de hauteur. Enfin le tout est terminé par une pyramide de $2^m,50$ de hauteur et par une sphère de $1^m,30$ de diamètre. La partie supérieure de la balise est garnie de feuilles de tôle posées à claire-voie, dans le but de rendre l'édifice plus apparent. Le sommet de la balise s'élève à $13^m,80$ au-dessus du rocher et à $10^m,47$ au-dessus des plus hautes mers. Le pieu central porte des échelons qui montent jusqu'à un plancher établi sur la base de la pyramide et destiné à servir de refuge aux naufragés. La balise comprend 15,500 kilogrammes de fer et de fonte ; elle a coûté 21,000 francs.

205. — Modèle de la tour-balise établie sur l'écueil le Bavard.

Cette tour est située à 5,600 mètres au sud-ouest de la pointe du Devin, île de Noirmoutier, vers l'extrémité du plateau des Bœufs. La pointe de rocher sur laquelle est établie la tour ne dépasse que de 0^m,30 les basses mers de vive eau ordinaire. La construction est entièrement exécutée en moellons. Elle est pleine en maçonnerie; elle présente 9^m,25 de hauteur sur 5^m,60 de diamètre à la base et 4^m,40 au sommet; elle est surmontée d'une balise en fer de 2^m,35 de hauteur se terminant par une sphère de 0^m,70 de diamètre; elle porte quatre échelles de sauvetage. On y avait établi une sonnerie mise en action par les vagues au moyen d'un flotteur; mais elle ne fonctionne plus par suite d'avaries qu'a éprouvées le mécanisme, et on n'a pas jugé utile de la rétablir. Cette tour balise a coûté environ 40,000 francs.

206 à 209. — Collection de modèles de bouées.

Cette collection a figuré à l'exposition de 1867.

206. — Modèle de bouée à cloche.

Le coffre de cette bouée est sphérique dans la partie immergée et présente la forme d'un tronc de cône à la partie supérieure. Il a 2^m,40 de diamètre sur 1^m,70 de haut et est surmonté d'une armature en fer sur laquelle sont fixées des lattes en bois qu'enveloppe une feuille de tôle à leur sommet. Au-dessus s'élève un voyant en tôle surmonté d'un prisme triangulaire garni de miroirs et situé à 4 mètres environ au-dessus de l'eau. Ces dispositions ont pour but de rendre la bouée plus visible. Dans l'intérieur de l'armature se trouve une cloche en bronze, entourée de marteaux mobiles auxquels l'agitation des vagues imprime des oscillations. Le son qui en résulte est utile pendant la nuit ou par un temps de brouillard pour faire reconnaître le voisinage de la bouée. Le poids moyen des bouées de cette espèce peut être évalué à 2,200 kilogrammes sans lest. La chaîne d'amarrage pèse 25 kilogrammes par mètre.

207. — Modèle de bouée ordinaire n° 1.

Cette bouée présente également une partie sphérique surmontée d'un tronc de cône. Elle a $2^m,40$ de diamètre et $3^m,20$ de hauteur de coffre. Le sommet de son voyant s'élève à 4 mètres au-dessus de la mer. Son poids est d'environ 2,000 kilogrammes sans lest.

208. — Modèle de bouée ordinaire n° 2.

Cette bouée est semblable à la précédente, mais elle n'a que $1^m,80$ de diamètre sur $2^m,50$ de hauteur de coffre, et son voyant n'est qu'à $3^m,30$ au-dessus de l'eau. Son poids est d'environ 1,000 kilogrammes.

209. — Modèle de bouée d'amarrage.

Elle a $1^m,80$ de diamètre et autant de hauteur totale. Elle est traversée dans l'axe par une tige de traction fixée à la partie supérieure par un écrou portant organeau. Son poids est d'environ 775 kilogrammes.

210. — Modèles de chaînes et d'ancres.

On voit, au-dessous des bouées précédentes, différents types de chaînes, d'ancres et de corps morts.

211. — Modèle de bouée-bateau.

Cette forme de bouée a l'avantage d'offrir moins de

prise au courant et de se mieux prêter au remorquage; elle a l'inconvénient d'être plus dispendieuse. La bouée-bateau de la Lambarde a 5^m,35 de longueur, 3^m,25 dans sa plus grande largeur et 1^m,50 de creux. Son sommet s'élève à plus de 5 mètres au-dessus de l'eau. Elle porte une armature formée principalement de 8 montants en fer forgé, qui se courbent avant de se réunir pour soutenir une cloche de 70 kilogrammes et un ballon de 1 mètre de diamètre surmonté lui-même d'un miroir à six pans. Cette bouée pèse en tout 4,665 kilogrammes.

212. — Modèle de bouée Gouëzel.

Cette bouée, imaginée par M. le conducteur Gouëzel, de Belle-Île, présente, dans sa partie immergée, la forme d'un cône de 1^m,35 de diamètre et 2^m,15 de hauteur. Ce cône est réuni par une partie cylindrique de 0^m,35 de hauteur à un tronc de cône, lequel est assemblé à sa base supérieure avec un autre tronc de cône de forme allongée qui constitue le voyant de la bouée. Le poids total est de 800 kilogrammes. Ces bouées ont le mérite d'être peu dispendieuses et faciles à remorquer.

213. — Modèle de bouée à fond rentrant.

Ce système a été imaginé par M. Herbert, de Londres. Le fond de la bouée est rentrant, de sorte que le point d'attache est très-rapproché du centre de gravité. Une pareille bouée présente beaucoup de stabilité, mais elle a l'inconvénient d'être dispendieuse et d'offrir beaucoup de prise aux lames ascendantes. L'expérience acquise n'a pas engagé à persévérer dans cette voie.

214. — Modèle de bouée anglaise.

Ce modèle porte l'inscription : *C. Herbert patent*. La

bouée est de forme conique, à fond rentrant, comme la précédente; elle porte un voyant sphérique formé de lames de tôle. Elle est peinte en blanc et en noir, par bandes verticales, elle est accompagnée d'une chaîne et d'un corps mort.

215. — Modèle de bouée anglaise.

Cette bouée est analogue à la bouée française n° 206. Elle porte une cloche et un miroir; elle est peinte comme la précédente et est également accompagnée d'une chaîne et d'un corps mort.

216. — Modèle de petite bouée anglaise.

Elle a à peu près la même forme que la bouée française n° 208 et porte une forte ceinture en bois. Elle est peinte en bandes horizontales rouges et noires; elle est accompagnée d'une chaîne et d'une ancre.

217. — Modèle de petite bouée anglaise.

C'est la même bouée que la précédente; l'ancre est remplacée par un corps mort.

218. — Bouée à cloche.

Cette bouée, mouillée dans le bassin de la cour, est celle dont le modèle se trouve exposé dans le Musée et dont la description a été donnée au n° 206.

219. — Bouée fuseau.

Cette bouée, dont la partie immergée est conique, présente hors de l'eau la forme d'un tronc de cône très-allongé, servant de voyant comme dans la bouée Gouëzel. Elle est mouillée dans le bassin de la cour.

220. — Miroir triangulaire surmonté d'un fanal à bougie.

Ce système est destiné à être placé au sommet d'une bouée que l'on voudrait éclairer la nuit. Il n'a pas reçu d'application à cause de la difficulté d'aller, par tous les temps, allumer la bougie.

IX.

SIGNAUX SONORES.

---

221 à 233. — Collection d'instruments divers pour signaux sonores.

Les temps de brouillard enlèvent au navigateur, aussi bien pendant le jour que pendant la nuit, tout moyen de se diriger par le sens de la vue. Il faut alors avoir recours à des signaux sonores pour lui indiquer l'approche d'un danger ou l'entrée d'un port. D'après une tradition ancienne, une des tours bâties sur l'île de Cordouan avant celle de Louis de Foix, servait, non à allumer un feu, mais à loger des hommes qui sonnaient du cornet pour avertir les navigateurs. Cette idée des signaux sonores n'est donc pas une invention moderne, mais elle a reçu de nos jours des développements considérables. Les cloches qui constituent le moyen le plus simple et le plus répandu de produire des sons perceptibles à grande distance, ont d'abord été employées pour faire ces signaux sur les jetées des ports ou dans quelques phares. Les tam-tam ou gongs chinois ont été utilisés par les Anglais sur leurs nombreux feux flottants. Dans quelques cas on a eu recours à des canons et dans ces derniers temps les sifflets et les trompettes ou sirènes à vapeur ont été employés sur beaucoup de points des côtes.

Dès l'année 1854, des expériences furent faites au Dépôt

central des phares à Paris ; on essaya une trompette à vapeur construite par M. Darche, facteur d'instruments de musique, un sifflet à vapeur de locomotive et une cloche de 100 kilogrammes. Le sifflet et surtout la trompette furent entendus à une bien plus grande distance que la cloche. Mais ces instruments exigeaient une machine à vapeur et par suite une installation coûteuse ; on ne jugea pas à cette époque que la navigation eût un intérêt assez puissant à percevoir des signaux sonores à grande distance pour motiver des dépenses un peu élevées, et on se borna à poursuivre les études sur les cloches. Des essais eurent lieu dans plusieurs ports et des expériences furent faites à Boulogne en 1861 et en 1862. On étudia avec soin l'influence qu'exercent sur la portée du son le poids de la cloche, la rapidité des coups frappés par les marteaux, ou la présence d'un réflecteur en ciment ; on se rendit en même temps compte de l'action du vent. A la suite de ces expériences, on arrêta un projet de sonnerie mécanique composée d'une cloche fixe sur laquelle frappent des marteaux soulevés par l'action d'un poids. Plusieurs de ces sonneries ont été installées sur des jetées de port ou sur dès tours de phare ; nous citerons notamment le phare des Triagoz, les tourelles de Saint-Vaast, de Portrieux, de Brest, qui ont reçu des sonneries de 1864 à 1868 ; et la grande tour métallique des Roches Douvres, sur laquelle on en a installé une d'un plus grand modèle en 1869.

221. — Cloche en bronze de 71 kilogrammes.

222. — Cloche en acier de 123 kilogrammes.

223. — Cloche en bronze de 266 kilogrammes.

224. — Cloche japonaise de 872 kilogrammes.

Elle figurait à l'exposition universelle de 1867 et a été acquise au prix de 4,000 francs.

225. — Soufflet sonore.

226. — Trompette droite de M. Darche.

Longueur, $1^m,42$; diamètre du pavillon, $0^m,235$.

227. — Trompette recourbée.

Longueur développée, $2^m,25$; hauteur, $1^m,48$; diamètre du pavillon, $0^m,32$.

228. — Trompette recourbée.

Longueur développée, $1^m,82$; hauteur, $1^m,12$; diamètre du pavillon, $0^m,27$.

229. — Trompette recourbée.

Longueur développée, $1^m,79$; hauteur, $1^m,09$; diamètre du pavillon, $0^m,265$.

L'embouchure de ces trompettes, qui a $0^m,012$ de diamètre, porte un écrou au moyen duquel on la fixe sur un tuyau d'où s'échappe l'air comprimé ou la vapeur d'eau qui met la trompette en action.

230. — Sifflet à vapeur de $0^m,05$ de diamètre.

231. — Sifflet à vapeur de $0^m,09$ de diamètre.

232. — Sifflet à vapeur de $0^m,15$ de diamètre.

233. — Sifflet à vapeur de forme particulière, de $0^m,12$ de diamètre.

234. — Oreille artificielle.

Cet appareil, qui sert à mesurer l'intensité relative des instruments sonores, se compose d'un petit cylindre vertical en verre de $0^m,09$ de hauteur et d'un diamètre de $0^m,05$, fermé à sa base par une baudruche bien tendue et à sa partie supérieure par un couvercle en zinc. Au centre de ce couvercle est fixé un fil à l'extrémité duquel se trouve une balle de sureau qui repose sur la baudruche. Ce cylindre s'adapte au petit orifice d'une trompe recourbée d'une longueur de $0,^m595$ et présentant un pavillon de $0^m,225$ de diamètre. Le tout est porté par un bâti en bois. Lorsque le pavillon est présenté en face d'un instrument sonore en action, les ondes que ce dernier détermine vont frapper la baudruche, dont les vibrations sont rendues visibles par les petits sautillements de la balle de sureau. On peut remplacer cette balle par quelques grains de plomb très-fins répandus sur la baudruche.

235. — Oreille artificielle.

Cet appareil est le même que le précédent ; mais la trompe est remplacée par un petit tronc de cône de $0^m,11$ de hauteur, supporté par trois pieds.

X.

LIVRES ET OBJETS DIVERS.

236 à 316. — Livres (1).

236. — Augustin Fresnel, œuvres complètes, 3 vol.

237. — Introduction aux œuvres de Fresnel, par Émile Verdet, 1 vol., 1866.

238. — Mémoire sur l'éclairage et le balisage des côtes de France, par M. Léonce Reynaud, 1864.

239. — Mémoire sur l'intensité et la portée des phares, par M. E. Allard, 1876.

240. — États de l'éclairage et du balisage des côtes de France, 1830 à 1876, 9 vol.

241. — Instruction sur le service des phares et fanaux. — Cahiers des charges et détails estimatifs, 1829 à 1876, 6 vol.

242. — Le Pilote français, cartes, 9 vol.

243. — Phares des mers du globe, par M. A. Le Gras, 1 vol., 1859.

244. — Le Pilote français, instructions nautiques, 4 vol., 1845.

245. — Cartes de France, 22 feuilles collées sur toile.

---

(1) Ces livres proviennent presque tous d'un don fait au Dépôt des phares par M. l'inspecteur général Reynaud.

246. — Annales maritimes et coloniales, 159 vol., 1809-1847.

247. — Description générale des phares et fanaux, par M. Coulier, 1 vol., 1853.

248. — Annuaire des marées des côtes de France pour 1878.

249. — Code Reynold. — Télégraphie nautique, 1855.

250. — Album des pavillons, par A. Le Gras, 1858.

251. — Annales hydrographiques, recueil d'avis, instructions, etc., par A. Le Gras, 11 vol., 1863-1877.

252. — Description nautique des côtes de l'Algérie, par A. Bérard, 1 vol., 1839.

253. — Exposé des travaux relatifs à la reconnaissance hydrographique des côtes occidentales de France, par Beautemps-Beaupré. 1 vol., 1829.

254. — Exposé des opérations géodésiques relatives aux travaux hydrographiques, par P. Bégat, 2 vol., 1839-1844.

255. — Mélanges hydrographiques, par M. B. Darondeau, 3 vol., 1846-1847.

256. — Mémorial des travaux hydrauliques de la marine, 14 livraisons, 1860-1863.

257. — Mémoire sur la transparence des flammes et de l'atmosphère et sur la visibilité des feux scintillants, par M. E. Allard, 1875.

258. — Merveilles de la science, par Louis Figuier, 33ᵉ et 35ᵉ séries comprenant les phares.

259. — Rapports des commissions nautiques concernant les travaux d'art à exécuter sur divers points du littoral, 1860 à 1864, 5 livraisons.

260. — La loi des tempêtes, par A. Le Gras, 1 vol., 1864.

261. — Extrait d'un mémoire sur le balisage et l'éclairage maritime en Angleterre et en Écosse, par M. Degrand, 1 vol., 1856.

261 *bis.* — Éclairage aux huiles minérales, par E. Colin, 1 vol., 1870.

262. — Régime des courants et des marées à l'embouchure de la Seine, par M. Quinette de Rochemont, 1 vol., 1874.

263. — Recherches hydrographiques sur le régime des côtes, par M. A. Bouquet de la Grye, 2ᵉ et 6ᵉ cahiers, 1877.

264. — Phares et fanaux lenticulaires, par L. Sautter, 1 vol., 1858.

265. — Notice sur la construction du phare des Triagoz.

266. — Résumé des observations météorologiques faites au bureau du port de Saint-Malo de 1849 à 1858, une brochure, 1859.

267. — Annales du Conservatoire impérial des arts et métiers, n° 1, juillet 1860.

268. — Rapports du jury mixte international. Exposition universelle de 1855, 2 vol.

269. — Rapport sur l'Exposition universelle de 1855, 1 v.

270. — Exposition de Philadelphie. — Rapports de la commission supérieure, France, 1876, 1 vol.

271. — Exposition de Philadelphie, France. — Œuvres d'art et produits industriels, 1 vol., 1876.

272. — Rapport officiel sur la marine et les travaux maritimes à l'Exposition de Vienne, traduit de l'allemand, 1 vol., 1874.

273. — Nivellement général de la France, 3 vol. et une carte, 1864.

274. — Le Pilote danois, 1 vol., 1855.

275. — Revue maritime et coloniale, 81ᵉ livraison, 1867.

276. — Rapport annuel du département de la marine et des pêcheries pour l'année 1871.

277. — Société centrale de sauvetage des naufragés. — Compte rendu de l'assemblée générale, 2 vol., 1868-1869.

278. — Statistique des naufrages et événements en mer, 2 livraisons, 1867-1877.

279. — Éloge historique de Michel Faraday, par M. Dumas, 1 brochure, 1868.

280. — Éloge historique de C.-F. Beautemps-Beaupré, par M. Élie de Beaumont, une brochure, 1859.

281. — Arago et sa vie scientifique, par J. Bertrand, de l'Institut, 1 vol., 1865.

282. — Recherches sur la chaufournerie, faites au port de Brest, par M. Petot, 1 vol., 1833.

283. — Mémoire sur les lumières inextinguibles applicables au sauvetage en mer, par Ferdinand Silas, 1 vol., 1869.

284. — Étude sur les divers becs employés pour l'éclairage au gaz, par MM. P. Audouin et P. Bérard, une brochure, 1862.

285. — Recherches sur l'éclairage, par J.-Ch. Boudin, 1 brochure, 1851.

286. — Commentaire des clauses et conditions générales imposées aux entrepreneurs, par M. Chatignier, 1 vol., 1866.

287. — Condensateurs de lumière, par Louis d'Henry, 1 vol., 1865.

288. — Sageret. — Annuaire des bâtiments des travaux publics, 1 vol., 1868.

289. — Nécrologie. — Paroles prononcées sur la tombe de M. Léonor Fresnel par M. L. Reynaud, 1869.

290. — Mémoire sur la conservation des bois à la mer, par A. Forestier, 1 brochure, 1868.

291. — Robert Stevenson. — Notice sur le phare de Bell-Rock, 1 vol., 1824.

292. — Rapport des officiers du service des phares, relatif à leurs recherches sur l'organisation des phares, feux flottants, bouées, etc., aux États-Unis d'Amérique, 1 vol., 1852.

293. — Rapport du surintendant chargé de l'inspection des côtes des États-Unis d'Amérique pendant l'année 1857.

294. — Rapport de la commission chargée de l'enquête sur le bon état et la gestion des phares, bouées et balises, 2 vol., Londres, 1861.

295. — Catalogue de l'Exposition universelle de Paris en 1855.

296. — Carte de la baie de Liverpool, 1852.

297. — Rapport sur les phares d'Amérique, 1 vol., 1846.

298. — Rapport annuel sur l'inspection des côtes des États-Unis d'Amérique, 1 vol., 1851.

299. — Éclairage des phares, par Thomas Stevenson, 1 vol., 1871.

300. — Rapport sur les phares des États-Unis d'Amérique, 1 vol., 1874.

301. — Sur les signaux sonores en temps de brume, par A. Beazeley, 1 vol., 1871.

302. — Règlement du service de sauvetage aux États-Unis d'Amérique, 1 vol., 1873.

303. — Liste des phares, bouées et balises des côtes des États-Unis d'Amérique, 15 brochures, 1858-1869.

304. — Correspondance relative à la substitution de l'huile minérale à l'huile de colza dans les phares, 1 vol., 1871.

305. — Correspondance et rapports sur les essais comparatifs de la lumière électrique au South Foreland, 1877.

306. — Henderson. — Phares, appareils et lanternes, 1 vol., 1869.

307. — Registre d'inspection pour les phares anglais, 1 vol., 1864.

308. — Rapport des membres de la commission royale, étudié et réfuté par un Anglais, 1861.

309. — J.-T. Chance. — Sur les appareils optiques en usage dans les phares, 1 vol., 1867.

310. — Brochures diverses, 7.

311. — Album des phares de Suède et de Norwége.

312. — Mémoire sur les travaux publics de l'Espagne, 1 vol., 1861.

313. — Phares de l'Espagne, 1847.

314. — Commission des phares. — Mémoire descriptif sur l'éclairage maritime des côtes d'Espagne, 1858.

315. — Description des appareils d'éclairage des phares, Madrid, 1860.

316. — Carte de l'Espagne, 1860.

317. — Buste en bronze de Fresnel.

Inscriptions : de face, *Augustin Fresnel, 1788-1827*; de côté, *David d'Angers*.

318. — Buste en bronze de Beautemps-Beaupré.

Inscriptions : de face, *Beautemps-Beaupré, 1766-1854*; de côté, *Desprez, 1851*.

En 1854, l'Administration des travaux publics décida, sur la proposition de M. Reynaud, directeur du service des phares, que les bustes d'Augustin Fresnel et de Beautemps-Beaupré seraient placés dans les principaux phares du littoral. C'était un hommage public rendu à la mémoire de ces deux illustres savants qui ont tant de droits à la reconnaissance du pays et surtout des navigateurs, l'un par l'invention du système de phares lenticulaires, l'autre par ses admirables travaux hydrographiques. La ville de Caen, justement fière d'avoir donné le jour à Augustin Fresnel, avait placé dans son musée le buste de ce grand homme exécuté par David d'Angers. D'un autre côté, le Gouvernement avait donné à Beautemps-Beaupré une récompense exceptionnelle en faisant faire son buste aux frais de l'État du vivant de ce célèbre ingénieur-hydrographe. Le premier buste avait des dimensions plus grandes que le second; il fut réduit par David d'Angers lui-même, et on fit couler en bronze, par le fondeur Simonet, 30 exemplaires de chacun de ces deux modèles, au prix de 120 francs chaque exemplaire. Les deux bustes qui sont au Dépôt proviennent de cette fourniture. Les autres ont été envoyés dans les principaux phares de 1er ordre.

On a, plus tard, fait tirer un certain nombre d'exemplaires en plâtre qui ont été envoyés dans quelques autres

319. — Buste en plâtre d'Augustin Fresnel.

On lit, sur le côté, *David*. Ce buste est un moulage de celui que David d'Angers a exécuté pour le musée de la ville de Caen. Il a figuré à l'Exposition universelle de 1855 à Paris et servait, avec les peintures de Gérôme, décrites ci-après, à décorer le soubassement d'un phare de 1ᵉʳ ordre.

320. — Buste en marbre d'Augustin Fresnel.

On lit, par derrière, cette inscription : *Adrien Fourdrin, 1857, d'après David d'Angers.*

321. — Peintures allégoriques représentant les nations maritimes, par Gérôme.

Un phare de premier ordre figurait à l'Exposition universelle de 1855, dans le Palais de l'industrie des Champs-Élysées. Pour décorer la frise de la tour qui supportait ce phare on plaça au-dessus de la porte d'entrée le buste d'Augustin Fresnel, n° 319 de ce catalogue, et on fit exécuter par le peintre Gérôme seize personnages allégoriques représentant les différentes nations maritimes qui viennent rendre hommage à l'inventeur des phares lenticulaires. La date inscrite auprès du nom de chaque nation indique l'époque à laquelle cette nation a reçu le premier phare du système de Fresnel. Ces peintures sont sur toile.

Voici les noms et les dates qu'on lit au-dessous de chaque personnage :

D'un côté : « France, 1823. — Hollande, 1833. — Belgique, 1836. — Espagne, 1832. — États-Unis, 1841. — Danemarck, 1842. — Prusse, 1845. — Brésil, 1850. »

De l'autre : « Norwège, 1832. — Angleterre, 1835. — Italie, 1837. — Suède, 1840. — Autriche, 1849. — Portugal, 1855. — Turquie, 1855. — Grèce, 1856. »

322. — **Médaillier.**

Ce médaillier contient, en double exemplaire, deux médailles et treize jetons frappés sous Louis XIV et Louis XV et relatifs à l'histoire de l'éclairage des phares. En voici l'énumération dans l'ordre suivant lequel ils sont placés :

Le phare d'Alexandrie. — *Fama super œtera nota.* — *1673.* — Buste de la reine Marie-Thérèse.

Un phare au bord de la mer. — *Ie montre ane routte asscarée.* — *Revennus casuels.* — Buste de Louis XIV (1676).

Un phare au bord de la mer. — *Tutam signat iter.* — *Parties casuelles.* — *1738.* — Buste de Louis XV.

Un phare au bord de la mer. — *Curæ casusque levamen.* — *Parties casuelles.* — *1721.* — Buste de Louis XV.

Un phare. — *Per scopulos dat tutum iter.* — *1681.* — Buste de Louis, comte de Vermandois, amiral de France.

Un port balisé et éclairé par un phare. — *Queis tutum faciant iter.* — Buste de Louis XV (sans date).

Éclairage des rues de Paris. — Médaille. — *Urbs mundata et nocturnis facibus illustrata.* — *1666.* — Buste de Louis XIV. (Invention des réverbères qui ont été appliqués aux phares.)

Un phare. — *Monstrat iter tenebrasque resolvit.* — Au revers, inscription : *Conventus cleri Gallicani.* — *1700.*

Éclairage de Paris. — Minerve tenant le portrait de
M. de Sartine. — *Illo procurante nox instar diei.*
— Armoiries de M. de Sartine. — *Illumination
de Paris établie par les soins de M. de Sartine.* —
1769.

Un port balisé et éclairé par un phare. — Médaille.
— *Queis tutum faciant iter.* — Buste de
Louis XV (sans date).

Éclairage de Paris. — Minerve tenant le portrait de
M. de Sartine. — *Illo procurante nox instar diei.*
— Armoiries de M. Albert. — *Illumination de
Paris établie en 1769, continuée par M. Albert.*
— *1775.*

Un port de mer et un phare. — *Hic secura quies.* —
Parties casuelles. — *1713.* — Buste de
Louis XIV.

Une rivière et un phare pour la chambre de commerce de Lyon. — *Clarum signat iter.* — *1718.*
— Armes de la ville de Lyon.

Un phare. — *Votis assuesco vocari.* — Galères. —
1702. — Armoiries de Louis, duc de Vendôme,
général des galères.

Deux phares à droite et à gauche d'un détroit. —
Qua pelagi patet imperium. — Galères. — *1691.*
— Armoiries du duc du Maine, général des
galères.

323. — Médaille commémorative.

Deux exemplaires, l'un en argent, l'autre en bronze.

Cette médaille, gravée par M. Degeorge, a pour objet
de rappeler les services rendus par la France à l'éclairage
et au balisage maritimes.

La face représente la France debout sur son littoral, pendant la nuit, calme au milieu de la tempête, élevant d'une main un fanal et tenant de l'autre un aviron et la trompette pour temps de brume. L'inscription est ainsi conçue : « *Gallia prælucente tuta nautis littora* ».

Elle a été composée par l'Académie des inscriptions et belles-lettres.

Sur le revers, une vue de mer représente des types de phares, de balises et de bouées, et au-dessous, en exergue, se lit l'inscription suivante :

« 1791. Phares à réflecteurs paraboliques. Teulère et Borda. — 1823. Phares lenticulaires. Augustin Fresnel. — 1864. Éclairage électrique des phares de la Hève. — 1875. Éclairage des phares à l'huile minérale. — 1878. Les côtes de France sont signalées par 372 phares, 760 bouées et 1,450 balises. »

TABLE DES MATIÈRES.

Pages.

V. PHARES FLOTTANTS.

VI. PHARES ÉLECTRIQUES.

VII. TOURS ET ÉDIFICES.

9 782019 926953